盛世太平

太｜平｜館｜餐｜廳｜的｜百｜年｜印｜記

徐錫安｜著

目錄

壹　前世今生

貳 百年傳奇

叁 古早味

人間煙火享太平

　　去年碰到徐錫安兄的時候，他告訴我在為「太平館」寫本書。「太平館」一八六〇年由他高祖徐老高創立，五代傳承，到二〇二〇年，正好一百六十周年，一家飯店經百年而不衰，很不容易，可喜可賀。

　　「太平館」經歷的時代，見證了從清朝到民國到中華人民共和國的朝代更替，活脫脫就是一部中國近代史，一百六十年以來，在「太平館」長長的顧客名單中，有許多聲名顯赫、把握了中國命運的人物，這也就令「太平館」變成了一個中國現代史的舞台，風雲人物都在關鍵的場合交錯出現，你方吃罷我登場，國家興亡，時代變遷，連續劇演到今天，依然熱鬧。而台上的角色，比如孫中山、比如蔣介石、比如周恩來這些近代史上的大角色，跟「太平館」的豉油西餐又發生了密不可分的關係，燒乳鴿、煎牛扒、煙鯧魚，國家政治跟口腹之樂水乳交融，可見「民以食為天」，再大的人物也不能免俗，且還能從中得到靈感。

　　例如有一次孫中山在跟屬下共享「太平館」燒乳鴿的時候忽發感嘆：「如果在中國人人都可以吃到這樣的燒乳鴿，我們的革命也成功了。」（大意）。

如此一家百年老店，應該名留史冊的。錫安兄寫這本書，一來為祖業留傳，二來也為中國近代史作一側記。為公為私，都是一件有意義的事情。

　　為此，我寫了一幅字送給他：「風雲際會百六載，人間煙火享太平」，以賀百年香火不斷，老店新芽蓬發。

李純恩
專欄作家
二〇二一年初夏於香港

推薦序二
堅守家業的傳奇歷史

　　富過三代難，企業傳承更難，家業持續五代難上加難。太平館經歷五代人的經營，不但打破富不過三代的宿命，更儼然成為古今中外傳承的傳奇。

　　徐家經營的太平館超過一百六十年的時光，見證了鴉片戰爭、辛亥革命、日本侵華、國共內戰、殖民時代以至九七回歸，確實是經歷一個半世紀的一本活歷史書。難得徐氏家族透過《盛世太平──太平館餐廳的百年印記》這本書將此五代人所經歷的人和事娓娓道來，箇中不乏英雄豪傑作客在太平館的故事，最為人稱頌的莫過於周恩來總理曾在這裏舉行婚宴，燒乳鴿、牛尾湯等成了酒席菜式。

　　透過《盛世太平》細膩詳盡的闡述，讀者清楚看到太平館由高祖父在清朝咸豐年創辦中國首間由中國人自己開辦的西餐廳，曾祖父繼承，祖父於一九三八年因逃離日軍在香港西環開辦第一家太平館，再傳到徐錫安的父親。最為人津津樂道的，是徐家跨越五代留給後人的美食佳餚，如燒乳鴿、瑞士雞翼、瑞士汁牛河及巨型梳乎厘，太平館不獨代表港式西餐文化藝術，也儼然是香港歷史的一部分。一代又一代的傳承，不只是生意，不只是經營方式，還有穩守家業的家族精神。

衷心推薦這本書給各位讀者，不僅可從中汲取傳承家業的精神，徐家歷代掌門人的動力不全然在於財富，而是來自對家族品牌的感情，繼而對家業的歸屬感、光榮感、使命感及責任感。穩守家業的最大挑戰並非擴充，而在於一份堅持；不在於創新，而在於家族傳統。百多年來家族傳承者們像文化的守護人，堅守着那一絲傳自祖宗的光芒，無論是繁華盛世，還是風雨飄搖，太平館依然屹立不倒。

　　太平館企業已不當是一盤生意來看，而是一份堅守家業的歷史傳奇。徐氏家族現身說法，記錄着堅守家業之不平凡處，揭開此家族品牌的神秘面紗，更分享對家業傳承的使命感。此書所記載的不單是太平館的故事，它既是香港企業的故事，亦是每一位香港人引以為傲的故事，為家業接力，為香港接力。作為企管者，我以此為鑑。作為香港人，我以此為榮。

陳裕光博士

PhD (Hon), MCP, BA, FHKMA, FHKIM, FHKIoD

榮譽主席

傳承學院

此生情繫太平館

　　太平館賀一百六十周年，出版特刊誌慶，承蒙老闆兼摯友徐錫安先生錯愛，邀我為新書寫序，當然義本無言，立時應承。及至執筆，方覺又慌又喜，因自知讀番書大，中文差勁，慌失禮太平館餐廳的金漆招牌。喜者，除了住家飯，平生吃得最多的便是香港太平館美食，由七歲吃到當今七十七歲，不是我看着太平館百尺竿頭，而是太平館給我七十載溫飽。幸逢大好日子，老闆卻不嫌我才疏寫序，暗自引以為榮。

　　要我說太平館，就如荷里活名片《阿甘正傳》（ *Forrest Gump* ）開場時，湯漢斯打開的那盒朱古力，道盡畢生高低曲折的點滴。我一家人真的與太平館結了兩世紀的不解緣，先父識飲識食，在生時回家吃的是順德廚師手藝，閒餘外出要滿口腹之慾，便獨拜太平館大門。其時我讀小學，逢父親帶我去太平館吃飯，就好比入到糖果店或玩具店般喜出望外，也因嘗過太平館馳名中外的佳餚，從此對這家在華南歷史悠久的特色餐廳，情有獨鍾。

　　自幼家父已寵得我嘴都刁了，踏入中學時期，我跟師父簡而清、簡而和昆仲與鬼才師兄黃霑為要吃得好，太平館成為我們四人的不二之選。後來和球圈神童黃文偉及他的大明星太太白茵熟稔起來，聚首也不離太平

館。直至情竇初開，為彰派頭，逢約會女朋友「出 DATE」，更必然學足粵語片小生謝賢、曾江般西裝筆挺，相見於格調高檔如大酒店餐廳的太平館，望添對方好感。

後來我移民美國，或在獅城謀生，每次回港，始終都要一到太平館，以慰食愁。徐家五代經營了百多年，把中西餐飲精髓揉合成人間美味，獨步天下。

河山雖變，美味依然。太平館已順利度過一百六十周歲的生日，見證過時代巨變依然屹立不倒。《盛世太平——太平館餐廳的百年印記》的出版正好印證這間香江餐廳的非凡意義，內裏記載的歷史、文化、飲食與球人歲月，豐富又仔細，筆觸細膩。推薦各位讀者，翻開一讀，從太平館的側寫了解這間百年老店之餘，也讀讀香江變遷的歷史。

如我金句所言：太平館永遠是「神奇、頂級、超卓」的香江餐館，能夠朵頤足足八個十年，真係「有今生無來世」！祝願太平館見證香江未來更多個一百六十年！

黃興桂
資深體育界人士

徐老高的清式大餐

　　清咸豐初年，因鴉片戰爭的失敗，清政府被迫開放廣州等五地為通商口岸，到穗經商的外國洋行都設在沙面租界，因此外國洋行林立。這些洋行很多職員都是來自海外，為了配合他們的飲食習慣，洋行都會自設食堂，僱用本國人士擔任廚師，烹煮西方菜餚，同時招聘華人在廚房幫忙。

徐老高初嘗番菜

太平館創辦人徐老高，攝於民初。

　　當時一名年約二十歲的華人青年，在由美國人在華開辦的最大洋行——「旗昌洋行」裏的廚房擔任廚雜，這位有幸成為中國最早一代接觸西餐廚藝的年青人，名叫徐老高，也就是我的高祖父。

　　徐老高（又名徐朝昇）是廣州市郊西村人，出生在第一次鴉片戰爭年代的一個貧窮家庭，年幼喪父，由母親獨力把三名子女撫養成人。排行最小的徐老高成年後就入城尋找工作機會，經介紹下，終在「旗昌洋行」找到廚雜一職。徐老高工作勤奮，後更當上了幫廚一職，他因利乘便，漸得西餐烹煮技巧。當時洋行的美國人講究食用，對華人廚師稍有不合要求便有意見，時有責備，性格戇直的徐老高受不了洋人的氣，有一次與洋行買辦發生爭執衝突，一氣之下離開了洋行。[1]

由於徐老高熟悉西式烹調製作，他利用這一技之長，決定自行做小販謀生。當時肩挑沿街叫賣食品的小販遍佈大街窄巷，食物各具特色，都是大家熟悉的南粵地方口味，徐老高面對的難題，就是要做出能被中國人接受，甚至喜愛的西式食品。

徐老高上街肩挑販賣牛扒

當時一般大眾對西式烹調口味非常陌生及抗拒，美國商人亨特在一八三一年著《舊中國雜記》一書，其中一章〈中國客人吃「番鬼」餐〉反映了廣州民眾對西餐的看法與偏見。書中描述西餐宴會上中國客人這樣形容當天的情況：「桌子的各個角落都放着一盤盤燒得半生不熟的肉，這些肉都泡在濃汁裏……我目睹了這一情景，才證實以前常聽人說的是對的，這些『番鬼』的脾氣兇殘是因為他們吃這種粗鄙原始的食物……想想一個人如果連魚翅都不覺得美味，他們的口味有多麼粗俗。」、「接着又端上來一味吃來令嗓子火辣辣的東西，我旁邊的一位用夷語稱之為咖哩，用來拌着飯吃。對於我來說，只有這米飯本身，就是唯一合我胃口的東西……」盡顯中國民眾對西餐的蔑視心理。民初出版的《廣東年鑑》曾這樣形容早年中國人對西餐的態度：「蓋我國人習尚，慣用筷子而不慣用刀叉，且西菜之調味，亦不合我國人之嗜好故也。」[2] 由此可見，當年中西文化在飲食方面的巨大差異。

一個字頭的誕生

徐老高經過深思熟慮及多番嘗試後，決定將中菜特點運用在西菜中，以適應中國人的喜好。他聰明地利用了西餐的某些烹飪特點，大膽巧妙地用自己調製的中式醬油，煎製西式牛扒。敢為人先的他開始在南關城外更樓門前隨街肩挑販賣牛扒，試探市民對他精心炮製的另類食品有何反應。由於食物「新奇」兼烹調有特色，吸引了一些客人光顧，他們嘗試後都覺得十分可口，而且價錢便宜，一、二毫白銀便可吃到，迎合大眾消費，很快就大受歡迎。

徐老高刻苦勤奮，加上所用的牛扒選料極精，烹調得法，口碑甚佳，開始光顧者都是普通市民，後來連醫生、學者以至一些官吏都爭相購買。這中西合璧的食物，給各階層的廣州人帶來全新口味，顧客絡繹不絕。為了方便客人，徐老高決定乾脆由肩挑小販隨街叫賣改為固定攤檔，在南關城門之外的更樓門前擺檔營業。[3]

徐老高的攤檔生意日見興隆，由原先每天早上在附近市集買三數斤牛肉原料，到後來需分幾次到市集購買牛肉，才能應付生意所需。他漸覺一人難於招架，於是把西村老家的兄長也找來幫忙，還僱用一些臨時工分擔工作。後來南關拆牆開路，有些顧客向徐提議，不如在適宜的地方找舖位固定經營，自可吸引更多客人，把生意做大。徐老高聽後覺得有道理，在一些鹽商建議下，決定在商業繁盛的南關城垣內，太平沙大巷口設店經營。他以太平沙的地名作為招牌，取名「太平館」，時為一八六〇年，中國歷史上最早由中國人開設的西餐館破土而出，在廣州誕生。

中式西餐始祖

曾任廣州副市長的歐初在有關太平館的文章寫道:「太平館開業於一八六〇年,據考證是第一家由中國人開的西餐館,最早的位置在太平沙。太平沙靠近永漢路南端,離天字碼頭不遠,過去屬廣州最繁華的地段之一。」太平館樓高二層,磚木構造,地下前舖設有帳櫃及餐桌,後舖為廚房,一條窄窄的木樓梯通往二樓,樓上有散桌多張,並設有廂房。

1860 年太平沙太平館

一九二六年廣州《民國日報》描述太平沙太平館:「該館之設置,廂房環立,門幕四張,初次登樓,幾疑為一中等酒樓,不知乃新式之餐館也。」

餐館門前掛上「太平館」招牌,門則懸掛條匾,寫上「各式番餅」。廣東人慣把來自西方的東西都冠以「番」字,外國人被稱「番鬼」,西餐則稱為「番菜」,這都是沿用「番邦」的傳統稱謂。一九二〇年上海《晶報》曾有報道寫道:「廣東人華夷之辨甚嚴,舶來之品恆以番字冠之,番菜之名始此。」一九二四年廣州《民國日報》有文章這樣解釋:「南蠻北狄,非我族類,統名曰番鬼。」

徐老高選址開店之南關,在城之東南面,靠近天字碼頭,常有客輪停泊、人流如鯽,區內商號林立,為鹽業及果木業集中之地,許多富商巨族

亦多居於此。[4]加上徐老高之聲名，太平館甫開張便客似雲來。徐老高繼續運用他的一技之長，以中西合璧烹調方式滿足中國人的口味：既以西方的吉列、鐵扒方式烹煮食物，又創新地在這些菜餚加上豉油、紹酒等中式調味料，成為中式西餐始祖。一九二六年廣州《民國日報》寫道：「本市西菜之首創者，為太平館，太平館之西菜雖佳，惟可稱之中國式西菜。何謂中國式之西菜，因太平館所製之饌，

1926 年《民國日報》描述太平館為中國式西餐

為利便中國人起見，將大餐全餐所用之雞羊等物，一概起骨，改作拆會之法，甚得食客歡迎，因此項製法，自無操刀生硬之苦。即其廚人之調味，亦適合中國人胃口。……且食西餐而有香巾茶費，尤為中國式之一證。」

時尚的「清式大餐」

新開的太平館除了供應西餐，也製作西式麵包糕點，故在門外寫有「番餅」招牌招徠生意。餐廳食品除了馳名牛扒外，也有其他肉類及海鮮，同時提供白飯、炒飯以迎合廣東人的飲食習慣。餐館早上供應煎蛋、火腿奄列、牛油多士、牛奶麥片、咖啡、紅茶、哈咕、果汁等，午餐有湯、肉類或魚等，午後開始提供西餅、三文治、咖啡、奶茶、阿華田等，晚上供應正餐，因視為一天中最重要的一餐，亦是最豐富的餐次，提供多種肉類、海鮮，宵夜則比較簡單，多為簡單湯類、凍肉沙律及咖啡、奶茶等，當時太平館的咖啡以控制火候一流而聞名。

徐老高不但注重食物質素，還懂得運用經營策略，他採用熟人帶動新客的方式，使集中於該地的大量富裕鹽商成為常客。[5] 不少買辦、官吏也選擇在此相聚。太平館的中式「番菜」深得趨鶩時髦者垂青，很快就成功地立穩根基。

徐老高精心烹煮的牛扒西餐風味獨特，大受歡迎，很快就名聞遐邇。一八六〇年，《紐約時報》記者在報道廣州遊歷新聞專稿中寫道：「我洗漱完後，就自己到餐廳去用早餐。在這裏，我們開始談論一種最豪華的清式大餐，是用牛扒做的。先前，我常聽說廣州牛扒如何如何美味。但從未有幸親口嘗過。」文史學家周松芳指出：「揆諸當時情形，應當指太平館牛扒了，而美國人冠其名曰『清式大餐』，則顯見廣州人已將這番餐完全洋為中用，推陳出新，同時又顯得更加洋氣了。」[6]

名聞南粵

隨着與外國人交往的增多以及西方文化影響，西餐消費方式已漸為廣州一些官紳和商人所熟悉。民國初年，學者詩人郭則澐在其《十朝詩乘》中作此描述：「觀此則百年前廣州一隅頗類今之租界。其時官紳酬

A VISIT TO CANTON.

The Trip up the Canton River—The Bogue
Forts—Dinner—American Houses in the
City—Trials and Executions—Worship in
China—Pigeon English.

From Our Own Correspondent.

CANTON, China, Monday, Dec. 10, 1860.

Perhaps it may not be uninteresting to your
readers to give an account of our visit to this city.
A line of American steamboats, the *Willamet* and
White Cloud, belonging to the long-established
house of RUSSELL & Co., run daily between Hong
Kong and this city—making the run of ninety
miles in six or seven hours；we came up in the
Willamet by invitation of Capt. WALCOTT, her
commander, who was formerly a lieutenant in the
Navy. At 8 o'clock in the morning we embarked

1860 年《紐約時報》有關廣州牛扒報道

酢，好用大餐，已成時尚。」廣州不少廚師掌握了番菜技巧後，也開始北上發展，各大城市的番菜館逐漸冒現，尤以上海為甚。由於廣州廚師所製作的「番菜」遠近聞名，上海等城市不少番菜館都由粵籍人所開或由粵人

擔任廚師。一九〇七年，天津廣隆泰中西飯莊在報章刊登廣告，特別標示「新添英法大菜，特由上海聘來廣東頭等精藝番廚，菜式與別不同。」由此顯見，太平館在廣州所帶起的粵式番菜，其烹調方式與風格對早年華人西餐影響深遠。

民初的廣州，吃番菜已成為許多人的消費風尚，西餐飲食漸為中上階層人士接受，太平館客人包括官員、商人、學者、買辦等。一九二二年，民國著名出版家張元濟與廣東省教育會兼廣東政府顧問汪精衛在太平沙太平館晚餐，同席者包括學者金湘帆、廣東政務廳長古應芬、粵軍第一師師長鄧鏗、國民黨中央委員許崇清等。[7] 一九二四年，被孫中山任命為黃埔軍校代理政治部主任的邵元沖，多次到太平沙太平館用餐。[8]

清朝光緒年間，徐老高的兩個兒子徐煥、徐枝泉開始協助父親打理餐館生意，他們製作的菜餚，既充滿誘人的異國風味，又適合華人的飲食習慣，在這個食不厭精的城市中，獨樹一幟，創出了自己的風格。美國一九一三年出版的《萬國寄信便覽》詳列了太平館資料，行業類中文寫為「酒宴」，英文介紹為 Eating House。當時太平館西餐價格每客六毫至一元，而一般茶樓茶價由八厘至一毫不等，而廣州一般旅館一天住宿收費才一元多，可想而知太平館當時屬於高級食肆。[9] 當時資料顯示廣州有十間鹽店，九間在南關大巷口，富裕鹽商成了太平館的重要客源。同時西式宴會在廣州興起，除了私人聚餐，也吸引了官員、學者於太平館舉行工作宴會，例如：一九一八年，廣東省教育會評議會會長在太平館宴請全體職員，[10] 一九二七年，圖書館學術研究會也曾在此筵席。[11]

在徐老高幾十年銳意經營下，民國初年的太平館已發展成為城中名聞遐邇的名館大戶。

三　番餐館

番餐館專售西菜價每客自六毫至一元菜自六色至十色不等

安樂園　十八甫
東亞酒店　長堤
太平館　太平沙
華盛頓　長堤
鹿角酒店　大巷口
兢兢　十八甫
大東酒店

1919 年《廣州指南》有關番菜館資料

廣　東　省　城　　223
Tai　INTERNATIONAL CHINESE BUSINESS DIRECTORY.　Tai

CANTON—(Continued.)

店名 Name.	生意 Business.	門牌號數街名 No. Street.
	Tai Lung, Fire Crackers	9 Yeung Yen St., East
	Tai Lung, Butcher	27 Siu Si St.
	Tai Lung Chong, General Merchandise	51 Sanki Tong St.
	Tai On, Dispensary	7 I Wo St.
	Tai On, Lodging House	2 Ying Cheong St.
	Tai On, Lodging House	10 Yam Thing St.
	Tai On, Dispensary	48 Sheung Mun Tai St.
	Tai On, Pawn Shop	86 Wai Ping St.
	Tai On Cheung, Dye Works	19 Yeung Yen Lee St.
	Tai On Tong, Unprepared Drugs	37 Ngan Kong St.
	Tai Ping Kon, Eating House	
		47 Tai Ping Sar Tung Tsun Fong St.
	Tai Sang, Artificial Flower Maker	226 Tai San St., Central
	Tai Shing, Pawn Broker	45 Siu Si St.
	Tai Shing, Paper Dealer	71 Tsoi Hui St.
	Tai Wing, Foreign Dry Goods	8 Ching Hai Mun St.
	Tai Wo, Liquor and Rice	131 Wai Oy Kau York
	Tai Wo, Candle Maker	80 Wai Oy Pet York

泰隆昌　泰隆　泰安　泰安旅館　泰安藥房　泰安　泰安祥　泰安　太平館　泰盛　泰盛盛　泰和　泰和

1913 年美國《萬國寄信便覽》有關太平館資料

評議會開常會并約同幹事部職員茶會拍照謝君英伯鍾君榮光講職業教育旋聯赴長堤乘電輪遊覽荔枝灣晚間程金兩會長假座太平館讌叙全體職員並討論職業教育進行計畫二十六日

1918 年廣東省教育會記錄了在太平館聚餐的文獻

△△ 飲食處 【中西餐館】東亞、西濠（均西隄）。西菜均西人烹調【西餐館】亞洲、華盛頓（均西隄）太平館（大巷口）至利文安樂園、（均十八甫）每客大餐一元至二元、小餐半元（或七角【酒樓】東山安樂、淩江、禊江、大東、東坡、

1924 年《中國旅行指南》刊登的廣州食肆資料

大菜

海市通商以後，西風東漸，起居飲食，遂無一不以洋派爲時髦。「大菜」即其一也。今日吃西菜固不如數十年前之炫奇，但毀之家常便飯，仍不可同日而語。共實宴食餐緻，裘華新異，始自廣東，中國之初有「大菜」，似不自上海租界始也。廣東在鴉片戰爭前後，洋商蟻集，海舶雲聚，繁華甲全國，其時紳商酬應，即以大菜爲尚，無關宏旨，而蔚成風氣者，正以通商日盛，鶩外是競，官場與市場上，均不得不有此一霎耳。

1943 年上海《華股研究周報》〈海市述往錄〉一文中講述中國大菜（西餐）源自清朝廣東

1 中國人民政治協商會議、廣東省廣州市委員會、文史資料研究委員會：《廣州文史資料：選輯（二十六）》，廣東人民出版社，一九八二年。

2 陳頑石：《廣東商業年鑑》，廣州市商業年鑑，一九三一年。

3 中國人民政治協商會議、廣東省廣州市委員會、文史資料研究委員會編：《紀念辛亥革命七十周年史料專輯》，廣東人民出版社，一九八一年。

4 劉再蘇：《廣州便覽》，世界書局，一九二六年。

5 陳基等主編：《食在廣州史話》，廣東人民出版社，一九九〇年。

6 周松芳：《民國味道：嶺南飲食的黃金時代》，南方日報出版社，二〇一二年。

7 張人鳳：《張菊生先生年譜》，臺灣商務印書館，一九九五年。

8 王仰清等整理：《邵元沖日記》，上海人民出版社，一九九〇年。

9 慈航氏編：《廣州指南》，新華書店，一九一九年。

10 廣東省教育會：《廣東省教育會周年概況》，一九一八年。

11 顧頡剛：《顧頡剛日記》，中華書局，二〇一一年。

民 國 風 華

民國初年，太平館所提供的食物也更加豐富，除了牛扒、雞、豬、魚，也加上禾花雀、蟹等貴價食物，創製的生燒乳鴿更成為南粵經典名菜。創辦人徐老高過世後，生意由他的兩位兒子徐煥及徐枝泉繼承，兩人遵照徐老高生前定下的幾個規矩：（一）不和外人合資，免外人為省成本而令品質下墜。（二）餐點必須現點現做，堅持用新鮮材料烹調食物。（三）沿用廚師師徒制，使食物質素和味道得以保持。由於徐氏兄弟自小跟隨父親打理業務，繼承父業後，經營得宜，使餐館業務蒸蒸日上。

第 一 支 店

一九二七年，廣州城中開拓馬路，城中財政廳（人稱財廳前）地段日見興旺，徐氏兄弟決定以港幣六千元，把位於財廳前永漢北路（一九三六年至一九四五年曾稱為漢民路）國民餐店頂讓過來，在這棟

太平館第二代徐煥

1927 年永漢路財廳前太平館新張，刊登在《民國日報》的廣告。

23

樓高三層、混凝土水泥柱大樓門前，掛上「太平館支店」招牌，「支店」即分店的意思，當時廣州人慣稱永漢路店為「財廳前太平支館」。

新店地下前段為用餐區，後段為廚房，二樓前廳散枱，後廳設有廂房，冠名「凝碧廳」，三樓格局與二樓一樣，廂房名「醉太平廳」。一九三四年有記者這樣形容：「醉太平廳在太平館三樓，光線很足，後面接着永漢窗，高樹拂窗，花香鳥語頻頻入座。」這些廂房可以保障客人的私隱，所以很受軍政要人歡迎。

1927年《國民新聞日報》永漢路財廳前太平館新張廣告

徐氏兄弟聘用員工採用包伙食、住宿、分小帳等方式，跟隨徐老高多年的西餐名廚張炎、王澄負責新店廚房運作，當時燒乳鴿售價白銀一元，葡國雞一隻五元，焗蟹蓋六角，牛尾湯四毫，而每客大餐售價一元、小餐半元或七角。[1] 當時一般酒樓平常宴會每桌收費約十元至二十元，而高等茶樓茶價每人由半角至二角不等，一個普通市民每月之伙食開支約四、五元左右，在飯店做候鑊（大廚）每月工資十二元，堂上（侍應）八元，[2] 由此可見，太平館主要顧客對象是中上層人士。到了一九三〇年代，太平館一客「全餐」要兩大元，那時的街坊菜也不過是一元四味，由於當時供應咖啡的餐室不多，物以罕為貴，太平館一杯咖啡收費二毫。

粵南詠觴 天景景雲近海杏觴 小南
江壽而康月波樓月景樓鏡珠珠江。
護觴（十六甫）唯一景泰與祥
（均寶華市）文緣頤苑（均第十甫）
（廣府前）太和館占春留春集雅園。
衛邊街）高陞樓（黃黎巷）玉醪春。
售西菜（均長隄）貴聯陞一品陞。
南關大巷口）香江售西菜名園。兼
🍴 酒食館　　太平館售西菜。（

1914年《中國旅行指南》廣州飲食店資料

永漢路一帶商舖、書局、文房、食肆林立，政府機構多，故位於此處的太平館有很多客人來自軍政界及文化界，而太平沙老店靠臨珠江，顧客多為黃埔軍校人員、商人及學者。

盛宴連場

一九三〇年，廣州《民國日報》形容：「迨至今日，西餐營業日盛，年來軍政界之酬酢，普通人之結婚，多改用西餐，營業更日趨發達。西餅又成為時髦之品，宴客茶會，固不可少……」財廳前太平館支店樓高三層，面積大，吸引各方在此宴客茶會，這些團體聚餐與到會服務使太平館業務更加廣泛。

新店開張第五天，三十二軍軍長錢大鈞就蒞臨宴客；開張一個月，國民革命軍總司令政治部就在此宴請各藝術家，三十多人出席宴會。一九二九年，省市黨部三十餘人在太平館支店宴請中央委員蕭佛成。太平館除了舖面生意外，還兼營上門到會服務。一九二三年，大元帥孫中山在元帥府宴請豫軍總司令樊鍾秀，就是由太平館提供到會服務。[3]除此廣州很多大型集會西式餐點服務都讓太平館包辦：一九二六年，國民革命軍在東較場舉行北伐誓師大會，國民革命軍總司令蔣

1926 年北伐軍誓師典禮，中立者為總司令蔣介石。

介石及黨政軍負責人和各界過萬人參加大會。與會者每人可獲一份茶點，每包茶點內有三文治、糕點等小食，共約萬份，所有茶點均由太平館製作和包裝。一九三一年，中山紀念堂落成，舉行宴會慶祝，定席一千二百人，太平館負責此次大型餐宴服務。一九三七年，時任國民政府主席的林森從廣州前往羅浮山遊覽，動用三十車輛，隨車前往的大小官員甚眾。現場設中西餐招待眾人，分別由大三元酒家和太平館負責烹調飲食。兩店各備大型汽車一輛，除載運廚師、員工外，也載所需肉類、配料、餐具和酒水。這次活動為期兩天，他們對食品要求是中西兼備，每天變換食譜，西餐部分由太平館安排烹煮。[4]

一九三一年，《廣州商會年鑑》寫道：「年來歐風來漸，人心習尚，隨之變更，西菜逐日趨旺盛，且以社交公開，青年男女之交際，多以西菜為應酬之品。」廣東國民大學學生舉行公讌聯歡，在學校通告上寫到：「級友們！請來看，我們二十四公讌去聯歡；請各位來參加，先將高姓大名寫下部兒端。更初鼓，人人望眼穿，借問酒家何處是，御者驅車指頤苑，倘是吃西餐，財政廳前太平館。」[5]

名人薈萃

太平館的西式宴會、茶會甚受各界人士喜好，一九三四年，著名歌舞女演員紫羅蘭宣布復出表演，特在永漢北路太平館三樓「醉太平廳」設午宴招待全市新聞界，半百記者到場一睹紫羅蘭風采。紫羅蘭還特別在洋琴伴奏下，高歌一曲，報章形容「醉太平廳」內一時「琴音弦響，聽者肅然神往」。一九二八年至一九三六年間，在太平館支店舉行的各種主要宴會

活動包括：北京大學同學會歡迎國學家黃晦聞，廣州市各界公宴著名女教育家、民國婦女運動先驅張默君等。

而軍政界之宴會，因遵中央命令不可能過五款菜式，如用中菜，必不夠裹腹，故改用西菜。第三軍長李揚敬大讌留省將領及為各返省將領洗塵，廣西領導人李宗仁宴雲南主席龍雲代表及海牙國際法庭法官王寵惠博士，省市黨部宴司法會議全體會員，市女界聯合會宴中央特派員，軍事委員會委員馮祝萬宴請一四集團軍駐省各將領，民政廳長林翼中宴請市參議員，省市黨部設宴歡迎香港各報記者參觀團，余漢謀設宴餞行四路軍考察團，建設廳長劉維熾宴全國經濟委員會蠶絲考察團等。

1929 年《民國日報》關於省市政府在太平館宴請中央特派員報道

1935 年《華僑日報》關於陳濟棠宴請政要消息

在廣東掌政的陳濟棠也經常在財廳前太平館宴請客人，包括內政部長黃紹雄、廣西領導人李宗仁、海牙國際法庭法官王寵惠博士、軍參院參議伍毓瑞、第一集團軍代表李庸、雲南主席龍雲代表陸衡及各省來粵代表，更曾在同日分別設筵招待抗日同盟軍總司令馮玉祥代表及湖北省府主席夏斗寅代表。南洋華僑巨子胡文虎，率領馬來華僑選手返國赴滬參加全國運

動大會，途經廣州期間特到太平館午膳。後來率領選手回新加坡途中再次留穗遊覽，完成在省參議會禮堂為他舉行的歡迎茶會後，在民政廳長林翼中、教育廳長黃麟書陪同下再次到太平館午餐。

一九三三年，市政府在太平沙大巷口開築馬路，太平館老舖受到築路影響，經營半個世紀後，太平館遷往街口的南堤二馬路繼續營業。一九三六年，國民黨元老胡漢民在廣州病逝，陳濟棠為紀念胡漢民而把太平館支店所在的永漢路改稱漢民路，但胡的去世令到陳濟棠失去反蔣盟友，終被迫下野逃到香港。

蔣介石的午餐

一九三六年中，蔣介石成功逼走陳濟棠，重掌廣東，並親自南下廣州視察。八月，蔣介石召參謀總長程潛到廣州與他會合，程潛到步後，便與廣州綏靖主任兼四路軍總司令余漢謀前往太平館午餐，被邀作陪者有省長黃慕松、市長曾養甫、總指揮陳誠、主任錢大鈞等軍政要人。餐廳所屬的德宣區警察分局派出四名武裝警員在餐館前保護，太平館附近禁止行人通過。十多天後，蔣介石電召湖南省主席何鍵、江西省主席熊式輝到廣州商討廣西局勢，兩人乘火車同日抵步，省市各政要紛蒞車站迎接，第四路軍司令余漢謀、省長黃慕松、市長曾養甫在太平館設午宴為何、熊兩人洗塵。散席後，何、熊兩人馬上赴黃埔晉見蔣介石。

1933 年刊登在《越華報》的廣告，因政府開築馬路太平沙老舖遷往鄰近馬路。

蔣介石重掌廣東後，重組廣東政府，新一屆粵黨政軍聯合宣誓就職儀式在中山紀念堂舉行，蔣介石一身戎裝親自蒞場監誓並訓話。就職儀式後，蔣介石偕夫人宋美齡，約同財政廳長宋子良、財政部次長鄒琳、中國銀行行長貝祖貽、兩廣鹽運使者唐海安、交通銀行行長唐壽民及外籍經濟專家多人，聯袂赴太平館支店午餐。

1936 年蔣介石（中）出席廣東黨政軍就職典禮後到太平館午宴

蔣介石等人抵達前，政府已預先把餐館包下，並安排一眾人在二樓廂房「凝碧廳」內用餐。席間蔣介石對於省財政金融狀況多所垂詢，並面諭各員配合中央政策，徹底廢除各項苛捐雜稅及禁絕全省煙賭，解除人民痛苦。

用餐期間，太平館裏外滿佈便衣警衛人員，門外憲警林立，更有便衣警衛化裝成食客在餐館對面的幾間茶室監視情況。永漢北路附近一帶軍警守衛極嚴，然外間鮮有人知道蔣介石等要人在太平館內聚餐，直到第二天有關消息見於各報，市民才知悉此事。事後，許多好奇的顧客到餐館，不

斷打聽蔣介石當日用餐位置及情況，甚至爭相預訂當天蔣介石用餐的廂房。

南粵名店

蔣介石蒞粵主持大局後，電召滇、黔、湘、贛、閩等省軍政負責人南

1936 年《工商日報》有關蔣介石太平館用餐報道

下商榷局勢。福建省綏靖主任蔣鼎文抵步後，余漢謀、陳誠、錢大鈞等在太平館設宴款待。此時廣州將領雲集，大家藉此機會聯絡感情。十八軍軍長羅卓英與蔣介石、余漢謀會見後，乘公務餘暇，特於太平館歡讌各高級將領。

一九三七年，中國經濟委員會常務委員宋子文率領中央銀行副總裁陳行、中國銀行總經理貝淞蓀等金融官員，從香港乘廣九列車抵廣州，大批省市官員到車站歡迎。中午余漢謀即設筵太平館歡讌宋子文等眾人，在座包括市長及銀行界領袖。參謀長陳誠到廣州主理行營工作，甫下飛機，即往太平館，午餐完畢即赴黃埔行營。余漢謀在太平館為粵第四路軍考察團餞行，宴畢考察團即乘船北上。廣東省奉命改組，各新舊廳長相繼交接，民政廳於太平館三樓設公讌，藉表歡送離任廳長，是日參加者多達百餘人。

太平館能夠冠蓋如雲，在於徐煥兄弟深明營商之道，盡量設法吸引高

官到來光顧，且侍候周到。如果官員餐後丟下公事包、文件甚至槍枝子彈物品，都會妥為收存，原璧歸還，因此獲得大量官員信任，成為政界中人聚餐熱門地。由此為餐館帶來宣傳之效，令太平館在民國頗極一時之盛，成為南粵街知巷聞的著名食肆。

1937年《中山日報》有關宋子文抵穗後到太平館午餐報道

1 《中國旅行指南》，上海商務印書館，一九二三年。

2 《統計彙刊：廣州各行工資指數圖》，一九二八年。

3 劉真、陳志光：《中山先生行誼》，台灣書店，一九九五年。

4 中國人民政治協商會議、廣東省廣州市委員會、文史資料研究委員會：《廣州文史資料：選輯（二十六）》，廣東人民出版社，一九八二年。

5 《廣東國民大學周報》，第二卷第八期，一九二九年。

1927 年廣州永漢路財廳前太平館支店

1936 年《大眾日報》有關第四路軍總司令余漢謀
在太平館為參謀總長程潛洗塵的報道

烽火歲月

一九三〇年代，太平館第二代徐煥、徐枝泉兄弟相繼去世，餐廳業務由徐煥四個兒子繼承，日常運作主要由二子徐漢初，也就是我的祖父負責，太平館的經營到了徐家第三代。

廣州的黃金年代

此時廣州在「南天王」陳濟棠統治下，工商業發展迅速，成為繁華大都市，是舊廣州的「黃金年代」。廣州西餐行業也是一片興旺，一九三四年廣州政府出版的《廣州年鑑》寫道：「近年市民讌客，一方面為趨時尚，而另一方面，又求易於預算及節省經濟，故多捨唐菜而用西餐，餐館生意，遂大為旺盛，故西菜冰室兩業均獲利倍蓰。」

一九三四年的《廣州指南》寫道：「西菜館有全餐，有散餐，全餐價高者三元或二元，如美洲酒店、東亞酒店是也，低者一元半或一元如華盛頓、太平館是也，菜色六色至十色。」[1] 可見當年太平館相比高檔的酒店，在預算方面更加適合政府或團體作為宴客場地，因而吸引各界人士選擇在此舉行活動，顧客盈門，成為行中翹楚。

救國的呼聲

南方都市歌舞昇平，但北方大地已是烽煙四起。一九三一年，日本開始侵佔中國東北，後蠶食熱河省，全國民眾展開抗日救國運動。中央委員焦易堂鑑於「日侵東省、國族危殆」，遂在廣州發起成立中國人民救國會，在太平館支店舉行茶會招待新聞記者，焦易堂向與會的四十多位記者宣布該會宗旨及使命，希望記者協力宣傳。一九三二年，東北義勇軍代表阮明到穗後，在太平館設午宴招待各民眾團體，呼籲各界物質援助抗日。

1932 年《現象報》有關東北義勇軍
在太平館午宴招待廣州團體消息

一九三三年，熱河國民抗日軍委員長何民魂抵粵後，在財廳前太平館舉行記者會，向在座的四十多位各報社記者報告東北及熱河前方義勇軍抗日情況。同時，海外華人也紛紛向祖國提供支持，旅越華僑縮食救國會歸國代表在太平館招待新聞記者，詳述縮食意義及捐助成績。抗日同盟軍司

令馮玉祥以陳濟棠主張抗日，且曾撥款接濟，特派代表姚昌等三人到粵，聯絡陳濟棠共同抗日，陳濟棠在太平館宴請了代表們，及後他也宴請了東北抗日將領派代表徐方爾。

由廣州老國民黨人組織的「東北抗日殺賊救國黨員宣傳國」北上前，在太平館設筵招待黨政團體。市學生抗日聯會在太平館三樓招待報界，各報社共五、六十人出席。午餐開始後，先由學抗聯主席致辭，後由各代表報告宣傳計劃，並由留日學生報告被日本政府壓迫監禁苦況。

駐察抗日救國軍總指揮方振武駐省代表，向全省各界發函：「着即宣布各界，促起注意，代表等爰訂七月廿三日正午十二時假座永漢北路太平支店薄治盤餐，肅迎玉趾，敦請各界代表蒞場指導一切，俾代表等亦得將前方戰事情形詳為報告，伏望依時惠臨，毋任感盼。」當天到會者多達百人，方振武駐省代表葉夏聲報告抗日軍最近作戰情況，指摘蔣介石南京政府壓迫馮玉祥部隊，「南京政府嫉馮抗日，始終無抗日之決心。」招待會歷時兩小時。

1933年《越華報》報道陳濟棠宴東北抗日將領代表

1933年《越華報》報道抗日救國同盟軍方振武在太平館招待各界代表

一九三五年，廣州學生救國聯合會在太平館舉行招待省市新聞記者茶會，五十餘人聚餐後，各學聯負責人先後報告該會工作情況，希望各記者協助抗敵宣傳，共救中國之危亡。該學生救國聯會赴南京請願回穗後，再次在太平館招待記者，由該會主席報告赴京請願及北平慰問受難同學經過，並將行政院對學生書面答覆原文分發予記者。

廣州學生救國進行

學聯會招待新聞界報告進行工作
中大教職員聯電中央請討逆抗敵
勸大民大電平學生勉以繼續奮鬥

1936年《民國日報》關於廣州學聯會太平館記者會情況

戰火逼近

一九三七年，華北大片國土已淪陷，日軍向南步步進逼，廣州當局開始為戰爭做準備。廣東省會防空展覽會籌備處，於太平館招待全市各中等學校校長，商討指導學生宣傳防空事宜。同時廣州歌詠團體聯合播音勸募慰勞傷兵運動委員，也在太平館招待全市新聞界。廣東防空演習籌備處在太平館設茶點分別招待市新聞界、憲警機關長官、學校當局及話劇界代表，希望各界加緊宣傳防空演習。廣州新聞界假座太平館召開午餐談話會，各報記者四十多人參加。推舉主席後，大家先向華北抗戰陣亡將士默哀三分鐘，再議決電請中央動員抗日及決定籌組救國宣傳團等事項。市童子軍理事會也在太平館開茶會招待新聞界，宣布成立「廣州童軍戰時服務團」。八月，廣州首遭日機轟炸，各處頻遭空襲。

一九三八年初，日軍機已轟炸廣州多月，廣東文藝界為檢討文藝運動

及策劃救亡工作，決定在太平館舉行聚餐，餐費每人一元。出席者包括著名詩人郭沫若及四十多位文藝界文人學者，多位與會者先後發言及高唱抗日歌曲。餐畢，大家提出討論改進抗戰文藝方案，聚餐活動歷時五小時始散。廣州社會軍事訓練總隊主任李崇詩等人，在太平館設午宴招待市各報代表七十多人，李希望新聞界盡量宣傳社訓消息，藉喚民眾抗敵情緒，充裕抗戰兵源。

1937 年《國華報》報道防空演習籌備處於太平館招待憲警及學校當局

1937 年《國華報》有關童軍戰時服務團在太平館招待新聞界消息

1937 年《國華報》報道廣東防空演習籌備處太平館記者午餐會

1938年《越華報》報道廣州社訓總隊在太平館午宴招待記者，宣傳充裕抗戰兵源。

1938年《國華報》報道衛生局長於太平館宴請全市救護隊負責人

各界抗戰活動

　　隨着戰事逼近南方，各界抗戰活動也更頻密。暹羅華僑慈善籌帳代表在太平館三樓開茶會，招待市新聞記者及各抗敵團體共六十人，代表翁向東報告該組織及回國經過。年中，菲律賓中外記者戰地訪問團一行五人由香港搭晚車到廣州，中途因日機炸毀路軌，被迫返港，改乘客輪赴粵。翌日抵達後，在空襲警報中，與市政府人員同往視察被日機炸毀災區。中午十二時華僑抗敵動員總會在太平館三樓設筵歡讌，中菲記者共二十多人出席。雙方代表先後發言，菲方除表示對中方歡迎之謝意外，並對日軍之殘暴表達異常憤慨。同一時間在太平館二樓，市衛生局長兼救護總隊長朱廣陶召集了全市救護隊負責人午宴，席間朱廣陶因應空襲對各負責人予以訓勉，並對全市劃分救護區及指揮災場工作等作出指示。而晚上八時，菲律賓中外記者戰地訪問團也在太平館招待廣州各報記者，四十多人參加。首由該團副團長馬樹禮致辭，介紹旅菲僑胞對抗日的各種支持，次由團員葛

1938 年《國華報》關於菲律賓中外記者戰地訪問團視察災區及太平館宴會報道

史得洛被托洛致辭，謂「菲人深知日人之野心，幫助中國亦即自助及維持和平」。

　　翌日晚上六時半，市黨部特派員兼市救濟院長曾三省，在太平館二樓歡讌各縣教育界代表，到賓主二十餘人，席間討論關於推進戰時教育及救濟貧民教育等問題，至八時許始散。而此時，省市記者公會及廣州日報公會等團體，歡迎菲律賓中外記者戰地訪問團的茶會才剛在太平館三樓開始，參加者四十餘人。中山日報代表及訪問團團長克白雷羅等人先後發言，茶會至十時許而散。

化為廢墟的街巷

　　在廣州，日本軍機多個月的空襲已成為廣州軍民日常生活的一部分，日機轟炸廣州期間曾到太平館的作家蒲風，在二月二十九日日記寫道：「天氣很熱，有雨意。敵機當然不放過機會，仍然前來，可是，誰還計較這些呢？反正它不來的時候倒覺得可怪了。」民國著名水利專家章元義

在回憶錄也提到空襲期間仍和朋友到太平館吃乳鴿，[2] 負責保衛廣東的第六十四軍軍長李漢魂，在日記中寫道：「日來常有警報，本日敵機且到市區上空，但現已見慣，亦漠然也。」、「……下午到廣益堂開會，蓋予被指定同香翰屏（第四路軍副總司令）等起草發動全省抗敵民團章程也，本晚香在太平館邀食餐。」[3] 廣州軍民對空襲已習以為常，太平館也在防空警報聲和防空炮火聲中繼續營業。

1938 年《華僑戰線月刊》有關太平沙再遭日軍機狂炸報道

一九三八年八月，太平館老店所在的太平沙大巷一帶頻遭空襲，造成房屋被毀，民眾傷亡。報紙形容當時慘況：「敵機闖進市區投彈，計在太平沙投重彈四枚，三枚爆炸彈，一枚燒夷彈，當堂爆炸，全市為之震撼。」、「……大巷災區，前經一度轟炸，此次再度被炸，致使新災舊痕，成為瓦礫場。」、「此地為富商巨賈住宅區，該街前曾炸毀屋宇數十間，

昨大禍重臨，實至不幸。昔日遜清首富之區，堂皇門弟，悉變瓦礫之場矣。」

太平沙太平館在歷次空襲中雖沒有被炸毀，但左鄰右里已是一片殘垣敗壁。

1　廣州市政府：《廣州指南》，廣州市政府，一九三四年。
2　章元羲：《中人回憶：一個水利工程師的自述》，豐年社附設出版部，一九八二年。
3　李漢魂：《李漢魂將軍日記》，聯藝印刷有限公司，一九七五年。

南渡香江

一九三八年十月初，日軍已迫近廣州，不少市民為逃避戰火，紛紛離開廣州南下香港。徐漢初眼見廣州戰事日近，形勢危急，對前途苦費心思，他與兄弟商量後，為了延續太平館的經營與保障家人安危，終決定與數兄弟攜家帶眷，南下香港。

香港第一店

徐漢初決定南下後，向員工宣布：徐家決定南下香港，員工可以選擇留下或隨他到港，如決定回鄉者，均給予若干盤資。結果這些在餐館工作多年的員工，有些選擇跟隨徐家赴港，有些決定留下靜觀其變，也有員工回鄉避難。徐氏兄弟最後決定，由一名叫利炳的司理（經理）負責帶領留守員工，看管廣州店舖。

就這樣，徐漢初兄弟帶着家眷與部分員工，在兵荒馬亂下乘船匆匆離開廣州，南下香港，在這個英國殖民地開店立足。

徐氏兄弟安全抵達香港後，安頓好家人，便馬上四出物色合適地點開設餐廳。當時在報紙廣告號稱「建築新式、鋪陳華美、樓高八層、升降有機」的東山酒店，是上環三角碼頭一帶最高的建築物，當時很多來往粵港的客輪在此碼頭停泊。太平館在羊城無人不曉，所以徐氏兄弟希望以來往

東山酒店

歸僑行旅一致稱道

招呼週到忠誠服務

巍峨大廈
鋼筋建築
墻壁間房
幽雅潔淨

號柒十三西道諾干港香　營業部電話三零三零五

《香港年鑑》上東山酒店的廣告，香港第一間太平館設於東山
酒店。

兩地的廣州人為主要顧客對象，加上東山酒店設施齊全，可以立即開店，
故徐氏兄弟很快就選擇了在東山酒店內開設太平館。

　　一九三八年十月，香港第一間太平館開張營業，餐廳位於東山酒店地
下及閣樓，共約有二十張卡座和散枱。徐漢初兄弟得到在廣州太平館工作
多年的員工郭良協助業務，大廚及部分員工也是來自廣州老店。太平館
新張期間，在報紙的廣告特別標明「廣州太平館特派廚師主理」，以此表
明此店風味與廣州老店同出一轍，廣告也介紹了太平館的燒乳鴿、焗葡國
雞、煙鱠魚等名菜，寫上「馳譽全國食品」。早在一九一六年印製的《廣
九鐵路旅行指南》已有廣州太平館資料，而香港報刊經常刊登政客名人在
廣州太平館餐宴的有關新聞報道，很多香港人早已對太平館略有所聞，所
以上環店很快便吸引了不少香港人慕名而來，餐廳很快立穩了根基。

剛淪陷的廣州財廳前,有私家車輛停在太平館門前,路口有日軍崗亭。

廣州
太平館
特派
主理 廚師
東山大酒店
酒菜部
京製精美食品
名譽
燒鴨乳鴿
燒禾花鵲

廣州
馳譽
全國
食品
太平館
著名
西菜
在
燒肥白鴿
燒禾花鵲
焗葡國鷄
烟倉魚
東山酒店
客廳
香港干諾道西
營業時間上午八時至
半夜二時

1938 年香港第一間太平館 在《星島日報》刊登新張廣告

1938 年剛在香港開張不久的太平館在《大公報》廣告介紹餐廳馳名菜式

告別發源地

就在香港太平館開店的同時,日軍佔領廣州。廣州太平沙和永漢北路兩間太平館在日軍入城前,員工已用木條將大門封上,關店停業。淪陷初期,百業停頓,市面一片淒涼景象,香港記者報道淪陷兩個月後所見,「現留市內者,多為一般貧民及苦力等,故普通商店,仍完全閉門停業,間有多少復業者,僅屬於下級之飯店及下級茶居,生意極為冷淡」。

一九三九年,廣州日偽政府強迫工商業復業,還在報章列出復業飲食店名,當時全市主要復業食店包括漢民區太平館、哥倫布、南園等八家,德宜區則有太平館支店、陸園、西園等五家,陳塘區有葡萄居、新遠來等五家,還有太平區、長壽區、靖海區、黃沙區等共四十六間食店先後復

業，同時當局又要求飲食業需領取衛生執照方可營業。十月份是傳統吃禾花雀的季節，太平館在報紙刊登禾花雀上市廣告，還特別寫上「名廚依舊」，以示名廚並沒有因戰亂離店。

太平沙經歷過日本軍機多次轟炸後，往昔富商住宅區面目全非，淪陷後，很多富商巨賈都遷往他處，商戶也日漸冷清，舊日繁華地一片荒涼，不復舊觀。太平館重開後生意大不如前，徐漢初知道太平沙老店生意難以維持，最後唯有忍痛決定把它關閉，離開這個曾創造中國西餐歷史的傳奇之地。

廣州淪陷後，永漢路一帶成為偽政府人士、日商經常出入之地。南京汪精衛偽政府為加強奴化宣傳，偽「中央通訊社」決定成立廣州分社，特定在財廳前太平館舉行宣布成立宴會，日華南派遣軍報道部長、日本總領事、憲兵隊特高課長、偽省府代主席、偽市長代表、偽保安司令部代表等一百餘人出席。日本華南派遣軍報道部長作間在祝辭中吹

1940 年《中山日報》報道偽中央電訊社廣州分社在太平館舉行成立宴會消息

1940 年偽中央電訊社廣州分社在太平館舉行成立宴會

捧東亞新秩序，謂「和平反共建國之聲已澎湃全國」，同時指摘「重慶政府捏造事實之虛偽宣傳，以使中國軍隊不知事態之真相，昌言最後之勝利，欲陷國民於無望的長期抗戰之火。」偽分社主任陳璞發言指中央社成立是宣傳的良好工具，指導社會輿論用「正確的消息」，使人民明白「中國非實現和平，無以自救……渝蔣的苦纏戰爭，只有增加人民的痛苦。」又謂「中日合作的前途，必然得到很大的良果。」言論對日人諂媚討好，其他偽政府人員亦先後發表媚日言論。

偏安一隅

廣州被日軍佔領後，數以萬計廣東民眾為逃避戰爭而到了香港，令香港呈現另一番熱鬧景象。當時報紙這樣形容一九三八年的香港聖誕節，「今年香港平白增加了數十萬人，今天各餐室的聖誕大餐大約必定要比去年來得好賣……為了吃一頓聖誕大餐的緣故，由皇后大道至德輔道，足走遍了二十七間餐室，才找到一個座位……」太平館聖誕大餐售價一元，雖不便宜，餐廳一樣座無虛席。一九三九年底，偏安下的香港局勢穩定，報章形容「聖誕在香港，本來就很熱鬧，更因抗戰的展開，很多高等同胞都從淪陷的戰區逃到香港來，所以更增加了不少繁榮。」「……各大餐室均製備聖誕大餐，以應顧客之需

1938 年《工商晚報》刊登香港太平館第一年聖誕大餐廣告

要，由日至夜，人客滿坑滿谷。」當時太平館的聖誕及元旦一元大餐亦大受歡迎，每天賣出過百各類大餐。

　　由於大批廣州人湧到香港居住，徐氏兄弟為防有他人冒用太平館名義謀利，特以廣州太平館名義在報章刊登聲明：「本館精製西餐久已馳名中外，除香港干諾道西東山酒店西餐部由本館辦理外，如有別人亦因太平館名義在別處設立概與本館無涉。」大批逃難到港的富有粵人成為餐廳重要客源，同時也開始吸引不少香港本地人前來光顧。一九三九年七月，香港著名學者、香港大學圖書館館長陳君葆與友人陳伯益在上環太平館共晉午餐，就香港時局發展及教育交換意見。[1]

又見硝煙

　　一九四〇年初，徐氏兄弟眼見上環太平館生意理想，遂決定在灣仔勳寧道（今菲林明道）開設分店，餐廳內部兩側設有卡座，中有散桌數張，閣樓也置有少量卡座。太平館鄰近東方戲院及著名的英京酒家，附近也有不少食肆、酒吧和舞廳，是香港島一處繁盛之地。餐廳在一九四〇年報紙廣告中寫道「煙鯧魚、燒乳鴿、葡國雞均為本館創製，馳譽已久，請到嘗試」，特別標明這些菜式是由太平館創製。灣仔店開張後很快就吸引不少客人，此時徐家同時經營粵港兩地四間太平館。

1940年香港太平館灣仔分店
開張刊在《大公報》的廣告

1940 年位於灣仔菲林明道太平館

1941 年的灣仔太平館內部裝潢

欲食名貴西餐請到

廣州 太平館

著名 燒乳鴿 烟倉魚 葡國雞

除日元旦照常營業

香港支店

灣仔醫寧道見東方戲院
左隣電話二零七七一

干諾道西東山酒店內
電話二二二八五

1940 年香港太平館在
《大公報》的廣告

香港好景不長，隨着日本與英國宣戰，日軍於一九四二年十二月先佔領九龍，再不斷隔着維港向香港島發炮攻擊，日本軍機不斷空襲港島，灣仔多次被炮轟，停泊在太平館附近的英軍軍車也中彈。當時市面兵荒馬亂，人心惶惶，有人乘危勒索搶劫，由於治安不靖，大部分的商舖大門緊閉。徐漢初兄弟為策安全，決定將上環及灣仔兩間太平館停業，以觀戰情發展。經過連日激戰，港督楊慕琦在

1941 年《中山日報》有關香港淪陷報道

聖誕日向日軍投降，香港終於淪陷。日軍佔領香港後，實施軍管，市面物資短缺，生意難做，徐氏兄弟決定關閉灣仔及上環二間太平館，只留下個別員工看守灣仔店舖財物，舉家搬回廣州。

日大本營陸海軍發表

香港英軍已告降服

昨晚七時三十分日方下令停戰

九龍方面向英軍播放柔和音樂

聖誕節之香港

祗聞斷續鎗聲

（東京二十五日至急電）日本大本營陸海軍二十五日午後九時四十五分發表、在香港島一角別延殘喘之敵軍，由於我軍不分晝夜之猛攻擊，本二十五日十七時五十分（午後五時五十分）遂索請降，因而我軍於十九時三十分（午後七時三十分）下令停戰。

（中央社特約香港二十五日電通社二十五日電）…

1　陳君葆：《陳君葆日記》，商務印書館（香港）有限公司，一九九九年。

從淪陷到重光

香港淪陷後，早前為逃避戰爭到香港的市民陸續回省城，徐漢初亦舉家與員工回到廣州，偽市政府出版的指南寫道：「近來人民返還，戶口驟增，市廛林立，商肆櫛比。」[1]

此時廣州也聚居了不少日本人，市面也出現很多日本人所開的商舖及公司，包括財廳前一帶。廣州日本機構出版《廣東之現狀》一書中，向日人介紹廣東省各行業資料，書中將太平館列為廣州其中一間「味覺之王座」食肆，[2] 因而吸引不少日人前來光顧。據太平館老員工回憶，他們最不想看見日本浪人來到，怕他們喝酒後帶醉鬧事，會給餐廳帶來麻煩。

傀儡來生相

一九四〇年，廣東省銀行復業，銀行總經理李蔭南特於太平館舉行午宴招待記者，闡述籌復銀行略情及設立目的。一九四一年，偽省宣傳處長郭保煥在太平館設晚餐，招待中日記者五十多人，郭在餐上大放厥辭，大意謂日本為捍衛大東亞領土而與英

ル 味覺之王座―廣東料理―

太平館支店（漢民北路）、南園酒家（南堤二馬路）、哥倫布（漢民北路）、愛群酒店（長堤新填地）、銀龍酒家（西關寶華路）新廣州（漢民北路）、文苑酒家（惠愛中路）、大三元（長堤大馬路）、大東亞公司食堂部（長堤大馬路）、金城酒家（同上）陶陶居（西關第十甫）、―共他數軒―

ヲ 見 學 資 料

絹、人絹、綿布類

金銀器、寶石類

竹細工、籐器、花蓆等

西關下九路、楊巷路、高第路

大新路、中華南路、西關第十甫

泰康路、太平路、河南洪德路

1943 年廣州日本機構出版《廣東之現狀》一書記載有關太平館的資料

1940 年《民聲日報》報道偽廣東省銀行復業,在太平館茶會招待記者。

1941 年《中山日報》有關偽省宣傳處長在太平館宴中日記者的消息

美作戰,實為東亞新秩序之建設等謬論。

一九四一年底,美、英等國對日宣戰,粵偽政府為此在太平館宴中日記者,宣揚日軍在太平洋的戰報,郭保煥稱「英美力量已是一蹶不振……尤其香港,為英國百年來侵略中國侵略東南亞的根據地,自從九龍為日軍攻陷後,香港朝夕必將陷落。」

一九四二年,南京偽政府宣傳部長林柏生在粵期間為討好日本當局,以廣州「友邦記者團致力報道宣傳工作,不顧辛勞,殊堪嘉尚」為由,在太平館以茶點招待日本記者團,大獻諂媚。同年,廣州日偽政府為了宣揚佔領香港及「大東亞戰爭勝利」,由日本人井上做會長的嶺南畫家聯盟會在太平館三樓舉行新會員歡迎大會,歡迎由香港淪陷後回到廣州的嶺南畫家趙崇正等十四位美術界人士,日方報道部長山下在內的四十多位中日人士出席。在宴席中,中方的劉秘書唱日本歌,日方的井上唱福建歌,日本畫家唱武士道歌助慶,日偽政府希望藉此製造所謂的「中日友誼」。偽廣東省宣傳處為了便於控制文化界人士,也於太平館召開文化界茶話會,偽宣傳處長郭保煥親身到場作指示,

1942年《廣東迅報》報道偽宣傳部長在太平館會見日本記者

嶺南畫家聯盟會 舉行新會員聯歡

穿旗長幡翠 捐廉舉辦貧民義學

1942年《南粵日報》報道親日的嶺南畫家聯盟會在太平館舉行新會員歡迎大會

省婦女會歡讌 友邦婦女團體理監事

1942年《民聲日報》關於偽省婦女會宴請日本婦女會消息

省宣傳處召開文化界茶話會 決定組織文化團體

1942年《廣東迅報》報道偽省宣傳處長宴請全省記者代表

決定組織文化團體。

在淪陷期間，曾在財廳前太平館舉行的活動包括：偽省財政廳廣屬護沙委員會宴記者餐會、「廣東省婦女會」成立聚餐招待會及宴請廣東日本婦人女子青年會高級職員，偽省宣傳處召開文化界茶話會及省宣傳處宴新聞記者懇談會等。

明 星 的 抉 擇

日本佔領香港後，希望找明星拍攝電影作宣傳，由此表現出大東亞共榮圈的假象，當時吳楚帆、白燕等著名影星堅持中國人的身分，不欲成為日政府的政治宣傳工具。吳楚帆為此而逃離香港，而白燕則選擇息影，低調生活。白燕生於廣州南關，父經營鹽船業，對位於南關太平沙的太平館家族早已了解。香港淪陷前，徐漢初幼弟徐啟初與白燕經常在灣仔太平館出雙入對，關係密切，更有一説他們曾結為夫妻。[3] 香港淪陷後不久，白燕與徐啟初一起低調回廣州，但仍暴露行蹤，廣州報紙以「驚鴻一瞥，白燕抵市後又他往」為題，透露白燕乘船抵穗，以「徐夫人」身分登記入住愛群酒店，「惟行裝樸素，人鮮知者。但日昨已他往，如驚鴻一瞥，聞已買舟赴滬云。」一九四三年，有報紙在〈白燕芳蹤何處〉報道中寫道：「又據月來所傳消息則燕兒又復買棹歸來，惟且來也，息影潛蹤，深居簡出，芳蹤何處，秘不告人，有傳其寄寓西關，有謂其倦居城內，紛紛其説。」而事實上當時白燕與徐啟初曾秘居於廣州海味街徐家中，惟為了白燕安全對外秘而不宣。

被人稱為「北平李麗」的著名電影明星李麗，一九四二年從香港到了廣州，參加汪偽政府「省府二周年紀念慶祝會」。偽政府宣揚「李女士深覺非和平不足以救中國，故特翩然來歸，參加和平運動」。李麗到廣州後，以「與本市文化界及報界聯絡感情」為名，特於太平館設晚宴招待，當天到會者包括廣州及日本各報記者二十多人，由日本報道部長山崎代表發言。

明星李麗女士，在電影界中，頗負盛名，自
大東亞戰爭發生後，李女士深覺非和平不足
以救中國，故特翩然來歸，參加和平運動，
茲以本月二十日，本省各界，銀行省府二週
年紀念慶祝大會，特尤本省各界之選，來請
參加助興，昨為與本市報界聯絡感情，特於
招待本市中日記者，昨（十八日）下午七
時，是日到會者，各報記者，偽廣太平支館，設宴
多人，席間由李麗女士致詞，繼由山崎報道
部長代表全體各界答詞，談笑甚歡云、

李麗來省參加

省府二週年紀念慶祝會

昨晚設宴招待本市報界

1942 年《中山日報》報道明星「北平李麗」在太平館設宴招待中日記者

這位當時被人視為「親日藝人」的李麗，本為北平交際花，後成為上海舞后，借機結識了日本特務頭子土肥原賢二、中國派遣軍總司令岡村寧次、上海派遣軍總司令松井石根等侵華日軍高官及偽政府高層人物，因此在一九三八年，她被重慶國府特務頭子戴笠招收為間諜。李麗利用接近日軍高層人物機會，為國府獲取情報，立下不少功績。[4] 一次，李麗趁松井石根在廣州官邸醉倒，偷閱密件，把情報遞送給重慶國府，以至日軍十多艘運兵船給國軍擊沉，其「抗日女特務」身分直到戰後多年才為世人所知。

西關分店

一九四〇年代的廣州西關第十甫一帶人口密集，是商業最繁盛的區域，在此的住宅多是富家大戶，不少戲劇界人也居於此處，而街道上商舖、酒樓食肆林立，包括著名茶樓蓮香樓、廣州酒家等。一九四四年，徐氏兄弟決定在第十甫開設太平館分店，餐廳在報紙上為第十甫店刊登報紙廣告，寫上「地點適中、佈置新型、設備完美、招呼周到、選料精良」，也寫上「巧製西餅、冷熱飲品」以期吸引客人茶聚。當時有不同組織或團體會選擇太平館作為茶會地點，有雜誌曾描寫太平館茶會情況「白枱布上擺着許多個盛滿了餅果的瓷碟，注滿了清茶的杯子——幾乎忘記了還有用瓷碟盛着的紙煙，這是名符其實的茶話會。」[5]

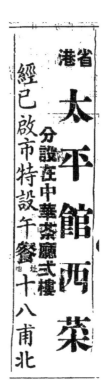

1944年《廣東迅報》刊登太平館西關第十甫分店開張廣告

由於當時一般餐廳還沒有冷氣，在一九四五年夏天所登的廣告中特別寫上「風扇充足」。第十甫店設在著名中華茶廳樓上，不少人在茶廳欣賞曲藝前後到太平館吃飯，不少曲藝社班主更因此與太平館徐氏家族相熟，人稱「輯爺」的何鴻略便是其中之一。何鴻略本為粵戲清唱家，以薛（覺先）腔稱著，移居香港後，熱心足球事業，成為上世紀五、六十年代球壇名人，他因此經常與足球界人士在灣仔太平館出入茶聚。晚年的輯爺差不多每天都在油麻地太平館與八和會館主席王炎飲下午茶，他每次與我回首太平館昔日往事，仍然興致勃勃，輯爺可謂是見證了半個世紀太平館滄桑。一九四三底，廣州太平館推出聖誕大餐及元旦

1945 年《新越晚報》廣告：沒有冷氣年代，「風扇充足」都是賣點。

大餐，分別售價每客中儲券（汪精衛偽政府貨幣）九十元及一百元，而一年後，廣州兩間太平館提供除夕及元旦大餐，每客聖誕餐售價已升至一千二百元，一年間聖誕餐漲價十二倍，到了年中，餐廳推出星期六、日特別大餐，售價更需三千五百元。一般而言，聖誕餐及元旦餐是西餐廳售價最貴套餐，但只是短短五個月，一個周末套餐竟比元旦餐還貴兩倍，可見日偽統治下的廣州貨幣貶值嚴重，金融市場混亂。

迎接勝利

一九四五年八月初，日軍在戰場上敗局已定，汪偽政府也開始步向末路，市面亦流傳日軍戰場大敗消息，大家暗中相告，預感抗戰勝利在即，為阻嚇市民傳遞日軍戰敗消息，日本南支軍司令官發公告「倘流布謠言妨礙治安，定當依法嚴懲不貸」。八月十五日，日本政府正式投降，太平

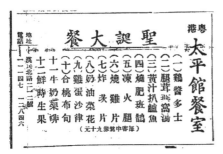

1943 年刊登在《廣東迅報》的聖誕大餐

1945 年元旦刊登在《廣東迅報》的元旦
大餐廣告

1945 年刊登在《廣東迅報》的特別大餐
廣告

館徐氏兄弟與市民聞訊都欣喜不已，礙於日軍仍在城內，加上偽政權仍然
控制市面，大家都不敢太張揚，太平館馬上把周末的「特別大餐」改名為
「太平大餐」，在報紙刊登，間接向市民表達和平即將到來，抗戰勝利在望
的信息。到了八月底，中國先遣軍抵廣州，但軍人有限，市面治安仍由日
軍暫時協助維持，市民仍未出來公開慶祝勝利，太平館再次把刊登在報紙
的大餐名字更改，將「太平大餐」改為「和平大餐」，表達對和平真正到
來的喜悅。九月七日，國府中央大軍進駐市區，正式接收廣州，當中國軍
隊步入市內，民眾夾道迎接，大批市民出來慶祝抗戰勝利，太平館這次終

把「和平大餐」改稱「勝利大餐」，公開慶祝抗戰勝利。短短半個月，從「太平大餐」、「和平大餐」到「勝利大餐」，反映出時局的微妙變化。

1945 年知道戰爭結束而在《公正報》刊登太平大餐廣告

1945 年日本投降後在《公正報》刊登的抗戰勝利大餐

1　廣州市社會局：《新廣州概覽》，廣州市社會局，一九四一年。

2　平野健編：《廣東之現狀》，廣東日本商工會議所，一九四三年。

3　劉紹唐：《民國人物小傳（第十三卷）》，傳記文學出版社，一九八一年。

4　李麗：《誤我風月 30 年》，時英出版社，二○一○年。

5　《協力月刊》，第七期，一九四二年。

短暫的和平

一九四五年八月，日本戰敗投降，河山光復，中國人民迎來抗戰勝利，此時香港日軍也向英國投降，香港正式結束了三年八個月的淪陷日子。得知香港重光，身在廣州的徐漢初與兄弟，帶着幾個員工回到香港，重開那已關閉三年多的灣仔店。

重啟香港大門

徐漢初兄弟回港後，馬上與留守員工一起將灣仔太平館重新修繕，在報紙刊登復業廣告，十月重新開門營業。

香港光復後，工商業漸恢復，人民生活回復正常，飲食業蓬勃，太平館於是在一九四五年年底於上環開設分店。新店位處德輔道中，因為路上有電車行走，所以又稱電車路。新店附近有百貨公司、報社、貿易公司、飯店、酒店等，是當時上環最繁忙的地段。年底太平館推出和平後第一次聖誕大餐，菜式豐富，包括頭盤、湯、煙鱠魚、砵酒鵪鶉、雞肝意大利粉、燒火

馳名中外

灣仔菲林道（東方戲院側）

太平館

西菜

電話式 叁柒柒柒柒

經已復業

太平館餐室

明日聖誕特別大餐

湯頭雀肉多士
聖誕紀念湯
一 二 三 四 五 六 七 八 九 十
煙鱠魚（什炒梳）
燒火鵝洋菇（炸茉條）（燴豆）
奶汁梳花
凍食批
示氾白檳蟹羊肉燴牛肉
食時或茶
架啡或茶

每位六元

營業時間
由上午十時至夜深二時止
地址德輔道中二百九十一號
電話五〇一五號

1945 年 10 月香港太平館在《華僑日報》刊登復業廣告

1945 年《華僑日報》刊登香港太平館在和平後推出的聖誕大餐廣告

1945 年《西南日報》報道抗戰勝利，特別市黨部在太平館茶會招待行商代表。

1946 年《星島日報》香港太平館禾花雀及周末大餐廣告

雞、生果及咖啡等共十二道，每位收費六元，而餐廳營業時間由上午十時至凌晨二時。當時電車工人每日人工一元七角，半島酒店房間收費從十二元起，從此可知太平館屬中上價位餐廳。由於廣州太平館的周末「特別大餐」頗受顧客歡迎，香港太平館於是逢星期六、日也推出「特別大餐」，在報紙刊登廣告，吸引假期客人。

　　廣州光復後，各種慶祝及聚會活動在財廳前太平館舉行。廣州特別市黨部委員沈家杰，以該部從事地下工作多年，現日敵投降，可恢復公開組織，特在太平館開茶會招待行商代表，沈在茶會上致辭，希望各行商平抑物價，協助政府重建廣州，七十多人出席茶會。大批文化界人士也陸續回粵，趙如琳等十六位文人發起，在太平館舉行文化座談會，討論新文化之開展及組織廣州文會。有「抗日猛將」之名的五十四軍軍長闕漢騫與新聞界餐敘，報章形容「闕軍長以豪爽之姿態，談笑風生」。新一軍政治部為

聯絡感情，在太平館三樓舉行政工聯誼會聚會，邀請各方面軍政治部科長以上人員參加。

勝利年的聚餐

留穗陸軍大學同學會在太平館三樓舉行慶祝勝利聚餐，著名抗日名將、華南戰區受降主官張發奎將軍親自出席，並訓話謂「抗戰已經勝利，此後建國建軍

1945 年《西南日報》報道留穗陸軍大學同學會舉行抗戰勝利聚餐張發奎親臨致訓

工作更加艱巨……吾儕應努力研究科學、迎頭趕上……未來世界是屬於年青的諸位，希共努力勉勵。」參加者有五十多人，報紙形容「歡騰暢叙，觥籌交錯，頗極一時之盛云。」

學界也紛紛舉行聚會活動，留粵北京大學同學百餘人在太平館舉行抗戰勝利聯誼聚餐，歡迎中山大學校長王星拱。國立暨南大學廣州同學會在報紙刊登啟示「假財廳前太平館餐室支店舉行慶祝勝利聚餐，希各同學屆時踴躍參加，每位請攜備聚餐費國幣一千元」，香港漢文中學留穗校友在報紙刊登啟事「抗戰勝利，國土重光，必多先後歸來，為聯絡感情敦睦友誼……假座第十甫太平館餐室舉行聚餐，希各校友踴躍參加為荷」，在第十甫太平館聚餐還有知用協進學社返穗社友。在財廳前太平館的活動包括廣州市立第一中學校友勝利聚餐，惠陽同鄉會成立大會，新台灣建設協會理監事就職典禮。太平館在抗戰勝利後第一個聖誕節推出「勝利年的聖誕

大餐」及元旦大餐，每位國幣二千元。

　　踏入一九四六年，經歷了多年淪陷艱苦生活的粵港兩地人民，終於可以歡度元旦及春節，香港太平館在報紙刊登「恭賀新禧」廣告，而粵籍國民參政員及省市參議員四十多人在太平館舉行春節聯歡會晚會，眾人發表意見「必須表揚民族正氣，嚴懲漢奸，肅清貪污」。立法院長孫科（孫中山長子）春節期間到廣州視察，各界事前已經搭建牌樓數座於市內要衝地

1945 年《大光報》刊登廣州太平館推出慶祝抗戰勝利的聖誕大餐

1946 年《前鋒日報》廣州太平館元旦大餐廣告，每位收費二千元。

1946 年《前鋒日報》報道國大代表在太平館宴請立法院長孫科

太平館餐室

西餅　麵飽

（間時爐出）

上午三時

下午七時

（早午晚餐）

（全日供應）

電話：一七六三壹

1946 年太平館在《廣州市商業調查
錄》年度一書中刊登每天麵包西餅
的出爐時間

1946 年香港上環太平館

粵港

太平館

巧手　著名

廚師　西菜

香港：

德輔道中二九一號
電話：三○一一五

灣仔莊士敦道八號
電話：二○七七一

1946 年香港太平館在《復員的香港》一書中刊登的廣告

方，全市店戶懸國旗歡迎。期間廣東國民大會代表在財廳前太平館開茶會歡迎，先由國大代表致歡迎詞，繼以孫科致辭，對協商會議所決定內容均有詳明指示，最後回答各代表問題。在這一年，在太平館舉辦的活動還包括商戶西德行記者會、林正煊競選參議長記者會、交通大學廣州同學會聚餐、瓊留穗同鄉歡迎南師管區司令林英等。

粵港的和平時光

和平後的香港也是百業待興，社會漸趨興旺。一九四七年，太平館首次在九龍開店，位置在油麻地彌敦道大華戲院側，附近有普慶戲院、彌敦酒店，酒樓食肆及娛樂設施林立，太平館門前日夜車水馬龍，乃九龍其中一處繁盛之地。九龍店面積及陳設與灣仔店相似，兩側設卡座，中間設方枱，可容七、八十位客人。當時太平館在報紙廣告上還特別標明「九龍太平館」，讓客人留意九龍也有分店。為方便商務客人宴客，餐廳每天晚上也推出「特別晚餐」。

粵港 太平館餐室 九龍分店 即日啓市 地址彌敦道大華戲院左鄰 電話五〇八八壹號

1947 年《星島日報》九龍首間太平館開業廣告

當年港九太平館的聖誕大餐每位收費七元，共有十道菜，包括雞茸湯、煙鯧魚、火雞、燒牛肉、布甸等。九龍分店的開張，方便了在九龍居住和工作的顧客，一九四九年，曾製作《一江春水向東流》、《漁光曲》等經典影片的著名導演蔡楚生和影業公司負責人袁耀鴻、電影劇作家柯靈等人，就曾在九龍太平館晚飯。[1]

1947 年九龍油麻地彌敦道太平館旁為大華戲院

　　一九四七年的廣州太平館也熱鬧非凡，餐廳再次成為社會各界活動熱點。南洋華僑巨子胡文虎應省府主席羅卓英之邀訪問廣州，胡氏眾人從香港乘專用火車抵達，省市政府代表在車站迎接後，由省府招待赴太平館，應羅主席午餐招待。革命老人及華僑團體，聯合在太平館公讌歡迎著名辛亥革命元老、知名畫家陳樹人。曾參加長沙會戰的抗日將軍余華沐回粵省親，眾友好設歡迎宴會。一九四七年，省社會處、省銀行、省地政局等聯合在太平館分別設午餐招待長沙記者訪問團及京滬記者訪問團。廣州社會處長李東星在歡迎長沙記者團宴會時說：「本省此次遭遇三十年來所未見之大水災，災情嚴重……深望通過各位記者之協助，並使湖南能對本省多予濟助……」

1947 年《中山日報》關於廣州政府在太平館設午宴歡迎著名華僑領袖胡文虎消息

「阿拉今天是客」

新任廣東省府主席宋子文由上海乘專機抵粵，行轅主任張發奎、省府主席羅卓英、市長歐陽駒等黨政要員四百餘人在機場歡迎。宋子文檢閱儀仗隊及與各歡迎人員握手後，乘車到住處「東園」會見新聞界。生於上海，祖籍廣東的宋子文對記者表示「本人此次能回到家鄉服務，甚感愉快……」與眾記者短暫談話後，張發奎問宋子文：「到太平館去怎樣？」宋拍拍張的肩膀說：「阿拉今天是客，儂是主人，我今天要在你那裏做客」。結果張發奎、羅卓英、歐陽駒等一行六人，分乘轎車四輛前往財廳前太平館午餐。

這年在太平館舉行的各種大小宴會、茶會，包括：省府秘書長姚寶猷宴請眾委員、省市黨團首長聯合晚宴歡讌中央黨部常委倪文亞、交通大學廣州同學會舉行茶會歡迎交通大學創校校長葉恭綽、同學會茶會歡迎到穗視察的交通部次長、前交通大學校長凌鴻勳、[2] 廣東省建設廳長謝文龍為著名平民教育家晏陽初設宴洗塵、[3] 第六區綏靖指揮官曾舉直設茶會招待所屬各縣旅穗記者等二十餘人、市餐室同業公會成立典禮等。

1947 年《廣州日報》有關新任省府主席宋子文飛抵廣州及到太平館午餐的報道

　　經歷了多年戰爭與淪陷生活,抗戰勝利令粵港兩地人民得以喘息,享受了難得的和平生活,但國民黨政府執政失敗,通貨膨脹,一九四五年太平館聖誕及元旦大餐每位收費二千元,一年後,聖誕及元旦大餐每位收費需七千五百元,可見貨幣貶值之快。社會經濟崩潰,官員腐敗,以至國府民心盡失。

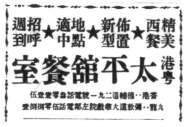

1947年《星島日報》港九太平館廣告

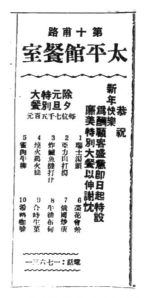

1946年《前鋒報》刊登聖誕及
元旦大餐收費已需七千五百元

1　蔡楚生:《蔡楚生文集(第三卷)》,中國廣播電視出版社,二〇〇六年。
2　王子舟:《杜定友和中國圖書館學》,北京圖書館出版社,二〇〇二年。
3　《嶺南文史》,總第二十三期,嶺南文史雜誌社,一九九二年。

變幻河山

抗戰勝利後，中國政局風起雲湧，神州大地旋即成為國共兩黨爭奪戰場。一九四五年底，廣東國立第二僑民師範學校學生，在地下共產黨領導下，發動針對校長及教育局的學運，校長鄭寶疇懼怕事情鬧大，特在財廳前太平館舉行記者招待會說明，以圖平息這場學潮，最終以教育部長撤銷校長職務平息了這場學潮。[1] 但由於國民政府執政失敗，民怨四起，漸失民心，共產黨在各方形勢上漸取得主動權。

1945 年《大光報》報道僑民師範學校校長在太平館開記者會說明學潮情況

落幕前的喧嚷

中國和平寧靜的景象只維持了短暫時光，隨着國共雙方和談失敗，內戰全面爆發，戰事的發展，使廣州漸成中國政治中心。由於國民黨軍隊在戰場上節節敗退，蔣介石總統主戰派與李宗仁副總統主和派之間的權力之爭也趨白熱化，雙方明爭暗鬥，各自爭取國民黨內部的支持，民眾對中國前途何去何從非常關心，對國民黨重要人物的活動倍加注意。

一九四八年初，國共鏖戰正酣之際，國府委員兼中央常務委員鄒魯抵

粵，一眾委員、軍政要人及記者四百餘人到車站迎接，由於鄒魯是國民黨
元老，大家對他此次南行目的都諸多猜測。鄒對記者表示此行「訪晤友
好，並無負有其他任務，外傳奉命勸導簽署提名當選國大代表退讓，並無
其事」。隨後眾友人聯同鄒魯到太平館午餐，為他洗塵。表面為「為私事
南來，看故鄉景物」的鄒魯，實為自己將來去向作打算，年多後，鄒魯從
廣州隨國民黨政府到了台灣。

　　教育部長朱家驊抵穗視察教育狀況，省教育廳長姚寶猷、市長歐陽
駒、市教育分局長祝秀俠等到機場迎接，朱下機後，旋即與廳長、市長等
乘車赴太平館，應市長之午餐招待。這一年間在太平館曾舉行的活動包
括：各界婦女設宴歡送婦女立委王若英赴京出席立法會議，農林部農業視
察團舉行農業建設座談會等。

1948 年《星島晚報》刊登太平
館的聖誕大餐廣告

1949 元旦刊登在廣州《公評報》的廣告，也
是徐家太平館在廣州刊登的最後一份廣告。

一九四八年底，香港太平館在報紙刊登聖誕大餐廣告，而廣州太平館元旦日在報紙刊登「恭賀新禧」新年廣告，但此時國民黨政府人員已沒有心情慶賀新年，由於共產黨解放軍在戰場上連場大捷，向南京國民政府步步進逼，國府決定將首都從南京遷往廣州。二月初行政院、工商部、內政部、外交部、教育部、財政部等十多個部門遷往廣州，大批軍政要人的到來，使太平館見證了這些權貴在大陸的最後歲月。

國民黨的夢醒時分

一九四九年二月，剛卸去教育部長一職的朱家驊到了廣州，中大同學會在太平館為這位中山大學前校長舉行公宴，二百餘名畢業生參加了晚宴。朱家驊眼見國府腐敗，民心盡失，在席間傷

1949 年《大光報》報道中大同學會宴請前校長朱家驊

感地說道：「二十餘年前，我們從廣州北伐統一全國，今天政府又重回到廣東來，真有說不出的感慨，今後必須檢討過去錯誤，以昨我今生的精神痛改前非，挽回劫運」，語重心長地道出了國民政府的滄桑與厄運。幾個月後，朱家驊臨危受命，擔任行政院副院長，不久隨國民政府從廣州撤退到台灣。

二月到穗的國民黨元老戴季陶，眼見國民黨大勢已去，他總有一種縈繞於心的情結：不隨國府去台灣，回故鄉成都終老，但心知希望渺茫。他終日憂心如焚，以致身體日差，舊疾經常復發，難以入睡，病發時每服安眠藥以減其痛苦。廣州市府官員見此，遂請戴季陶到太平館吃乳鴿，

以緩其心情。據在座友人形容，「是日神彩煥發，健談不倦，歷時二、三小時，其病症不發，精神一如常人。」[2] 不料幾日後戴就在家溘逝。戴離世後，蔣介石頒褒揚令，題寫「痛失勛耆」四字，李宗仁也題了「精神不死」四個字。戴季陶去世原因一說法是憂心過度，以至舊疾復發時吸食過量安眠藥而過世，另一說法是因他不忍離大陸去台灣，故服藥自殺。這位跟隨孫中山多年的國民黨元老就這樣憂鬱而終，令人唏噓。

二月底，剛當上代總統不久的李宗仁突然飛抵廣州視察，抵步當晚，立法院長孫科與各部門首長在市迎賓館設筵席為李宗仁洗塵，當晚宴會由太平館負責到會服務。此時的國民黨政權已風雨飄搖，所以宴會上氣氛凝重，席上各大小官員莫不為自身前途而憂心忡忡，只有桌上美食才為他們帶來片刻慰藉。李宗仁機要秘書梁升俊描述：「孫科以主人地位致辭，態度異常局促……寥寥數語，神情冷落。主人心情不佳，客人的反應自然不熱烈……大家也不便發言，只是默默的享用廣東名菜乳鴿。那是太平館的拿手好菜，燒得特別好，乳鴿又肥又香，只此一味，已大快朵頤，『食在廣州』，人言真不謬也。」[3]

1949年《大光晚報》有關代總統李宗仁抵穗及立法院長孫科設宴招待李宗仁的報道

在大陸的最後時光

隨着形勢發展，大批國府官員攜眷經廣州去香港或台灣，時年只有十一歲的白先勇（台灣著名文學家）跟隨曾任國防部長的父親白崇禧到廣州暫住，在停留的幾個月裏，經常隨家人外出用膳的白先勇很快就為發現「廣東菜真好吃，例如太平館的燒乳鴿，很香、很脆。」[4]燒乳鴿的美味，給少年的他留下深刻印象。中國航空工業重要奠基者，

太平館餐室

TAI PING KOON RESTAURANT.

第十甫馬路 150 號
150. Tai Sap Po Road
電　話：17631
支　店：漢民北路 212 號
電　話：11147　12846
西菜，洋酒，日夜供應常散餐
Restaurant & Bar

太平支館餐廳

TAI PING KOON CAFE

漢民北路 212 號
212, Hon Man Road, North
電　話：11147
西菜，餐點，酒吧
Bar & Restaurant

1949 年廣州解放前夕《廣州商業行名錄》刊登的太平館資料

時任空軍少將的錢昌祚受命國防部到廣州工作了近半年，對飲食頗多考究的他也曾和家人到太平館吃西餐及燒乳鴿。[5]錢到台灣後歷任經濟部政務次長。六月，近代知名書法家兼民國監察院長于右任經廣州到台灣，停留期間與高劍父等多名畫家到太平館餐敘。

七月底，在廣州總統府任秘書長的邱昌渭、總統府上將參謀長劉士毅、行政院政務委員雷震等在太平館午餐聚會，邊吃乳鴿邊討論戰局情況。到了九月底，解放軍已迫近廈門，行政院政務委員吳鐵城、雷震、西南軍政長官張群等相約到太平館吃乳鴿，共同商議最新政局發展，但晚飯還沒吃完，剛到廣州的蔣介石突然召見他們，唯有匆匆離開餐廳，趕到黃埔蔣介石住處，接受命令，第二天即飛到廈門視察戰事，[6]但廈門二十多天後就被解放軍攻佔。

一個時代的終結

　　急景殘年之國民政府，自知大勢已去，再無力抵抗解放軍，唯有棄守廣州。九月，國防部保密局局長毛人鳳從台灣派出技術總隊副總隊長胡凌影，率領一個爆破組到廣州，準備在撤退前把一些重要設施炸毀。胡凌影邀請廣州衛戍總司令部保衛處處長程一鳴見面，於是他們到了財廳前太平館晚餐。胡在進餐中向程透露了秘密計劃：「我是從台灣派來廣州，受廣州衛戍總司令李及蘭領導，設立一個秘密爆破組，準備在廣州撤退時，將廣州市的水電設備和橋樑炸毀⋯⋯蔣介石下令要毛人鳳將各重要城市的工廠、水電交通設備加緊徹底破壞」。[7]

1949 年香港《星島晚報》刊登太平館燒禾花雀及國慶大餐的廣告

廣州解放前夕《越華報》報道市黨部及勞軍會主委設午餐招待國軍守穗總指揮喻英奇

　　十月初，香港太平館按習慣推出禾花雀上市及雙十國慶大餐廣告，但此時的廣州，解放軍已兵臨城下，民國的廣州已時日無多。十月十二日，國軍為加強防衛廣州，喻英奇將軍奉命率領所屬部隊到穗協防，粵穗動員委員會在財廳前太平館設午宴招待。宴會由駐會委員高信、勞軍會主任沈慧蓮等主持，並由勞軍會即時撥出一萬元，作慰勞喻英奇部屬，席間即時

將獎金交妥，餐後前往喻英奇部隊獻旗激勵守軍士氣，但此時國軍軍心渙散，已無心戀戰。

十月十三日，保密局派出的胡凌影率員在海珠橋安裝好炸藥後，匆忙乘車逃往香港。第二天黃昏，忽然一聲巨響，震盪全市，橋樑被炸毀沉入江中，一小時後，解放軍攻入城內，掀開了羊城一頁新的歷史。古城易幟，改天換地，亦永遠改變了廣州太平館的命運。

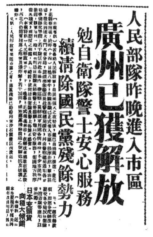

1949 年《勞工新聞報》刊登廣州解放消息

1949 年廣州市民在漢民路財廳前歡迎入城的解放軍隊伍

1　中國人民政治協商會議，廣東省廣州市委員會，文史資料研究委員會：《廣州文史資料：選輯（二十八）》，廣東人民出版社，一九八三年。

2　《春秋》，第七八四期，春秋月刊出版社，一九九一年。

3　梁升俊：《蔣李恩怨錄》，現代出版公司，一九七〇年。

4　王晉民：《白先勇傳》，華漢文化事業公司，一九九二年。

5　錢昌祚：《浮生百記》，傳記文學出版社，一九七五年。

6　雷震：《雷震日記》，桂冠圖書股份有限公司，一九八九年。

7　程一鳴：《程一鳴回憶錄》，群眾出版社，一九七九年。

雙城記

　　一九四九年十月廣州解放，大批國民政府軍政人員及富商巨賈離去，加上政治環境改變，令廣州飲食業發生根本性改變。自解放後，行政與軍事機構均棄應酬，嚴禁軍政人員鋪張浪費，同時社會厲行移風易俗，風氣日崇樸儉，社團宴客排場習慣已不多見。

冷落的西餐業

　　解放前，高級西餐館其中一個重要的營業收入來自酒會和宴會，訂客多是軍政機關和不同組織，與會人數從二、三十人到過百人不等，太平館能在廣州西餐業獨佔鰲頭，與長期接到各式宴會有極大關係，但解放後卻發生變化。廣州各大報紙形容解放後的西餐業情況：「往昔每當政務人物去來，必大加迎送，紛紛請餐及宴客，故當時一般大酒家、西餐廳生意鼎盛，惟自解放後，行政與軍事機構相繼成立，人民政府軍政人員均棄應酬及排場惡習，是以一般酒家餐廳，以往門前滿佈新型汽車者，今亦有門庭冷落車稀疏之感焉。」、「而現在本市經營的名貴西餐廳，已不及解放前顧客雲集，座無虛席，因為蔣賊之貪官污吏及資產階級，早已逃掉了，現在因為市民不比以前那樣奢侈，多改變了作風，節儉樸素，所以目前的西餐廳，從晨至暮並無一人光顧，生意一落千丈，無業可營，面臨絕景，只有等候關門收檔矣。」、「樸儉風氣普遍吹開本市西餐廳，日來自晨至暮，幾無一人光顧，現已面臨絕景，紛謀改業。過去榮華，如今安在。」廣州大

批西餐廳相繼結業，西餐業面對嚴峻困境，此時廣州兩間太平館也只能慘澹經營。

1949 年廣州《正華報》報道廣州解放後有關西餐業的困境

解放前夕，太平館徐氏家族成員與部分員工已到了香港，徐氏兄弟面對廣州店經營困境急謀對策，最後決定關閉第十甫太平館，只保留永漢路財廳前太平館業務（解放後新政府將「漢民路」恢復舊名「永漢路」），徐漢初決定委託一位追隨徐家多年的老員工利炳為經理，負責餐廳日常業務。五十年代初期，廣州太平館顧客對象已大眾化，顧客主要是小商人、學者、家庭簡單茶叙或普通用餐，著名歷史學家陳序經與作家曾敏之就曾在解放初期在太平館相聚品嘗咖啡。[1]由於大部分員工解放後繼續留在太平館工作，所以運作方式並沒有很大改變，傳統風味得以保存，著名經濟學家梁方仲就曾與物理學家張宗燧在太平館吃招牌菜葡國雞。[2]

香江歲月

十月又是禾花雀的季節，香港太平館按照傳統推出燒禾花雀及「雙十」大餐。此時正值內地政權更迭，大批商人及國民黨軍政人員從內地逃亡到香港，他們一方面靜觀內地情況發展，同時也盤算將來去向，在太平館偶爾仍見到那些失意的國府前朝官員身影。被新中國政府列為戰犯的國府陸軍上將熊式輝與前國府駐美大使魏道明夫婦此時也暫居香港，他們閒

暇時經常先在太平館買好十多隻燒乳鴿，然後一塊兒吃宵夜打麻雀消磨時間。[3]

　　一九五〇年出版的《香港最新指南》這樣介紹：「若講中級餐室，想嘗新鮮，灣仔勳寧道的太平館，以葡國雞及乳鴿出名。」[4]當年香港太平館吃一客有湯、炸魚、主菜及咖啡的「常餐」需幾元錢。從這裏可以看出太平館的定位是中級餐廳，顧客對象主要為商人、知識界、體育界及戲劇界，甚至是家庭等私人餐宴，與昔日廣州太平館顧客以軍政人員、機構宴客大為不同。太平館每星期六、日推出兒童餐作招徠，以吸引父母帶孩子消費，雖然太平館和酒店餐廳比較相對便宜，但當年吃西餐仍是高消費享受。歌星莫文蔚透露，兒時父母對她表示，如果學校成績好便可帶她到太平館吃西餐，可知當年吃西餐亦成為家庭獎勵孩子的獎品之一。

1949 年《星島日報》有關香港太平館推出的周末特別餐及兒童餐廣告

1954 年《華僑日報》九龍太平館新裝冷氣設施後復業的報道

一九五〇年，上環太平館所處的大廈業主計劃拆卸重建，餐廳因而結束業務。油麻地店則在一九五四年重新裝修，重資添置冷氣，由於當年裝配冷氣設施價值不菲，食肆普遍還沒有具備冷氣設施。灣仔太平館所處的菲林明道當時非常熱鬧，戲院、酒家、舞廳酒吧和各式商店林立，太平館餐廳大門側開，正面用了玻璃磚牆，設計非常有特色，旁邊置有西餅櫥窗，陳列各式自製西式糕點，吸引了不少途人目光。香港作家盧瑋鑾（筆名小思）形容太平館的西餅櫥窗與街頭新亞酒家的魚池，成了灣仔人的記憶雙艷。[5] 不少從內地到香港的藝人也成為太平館常客，包括著名電影演員李麗華、黃河等。香港著名體育界人士韋基舜形容五十、六年代香港「正處於足球狂熱，每日黃昏，太平館冠蓋雲集，乃有『球人俱樂部』之稱。球壇名流、大牌球星聚集於太平館……粵劇中人亦喜聚於太平館，計有班政家成多娜……」[6] 餐廳成了不少商人、足球界人士、演藝界人士聚會熱門地點。

球人茶座

在上世紀五、六十年代，是香港足球黃金年代，球隊比賽經常萬人空巷，一票難求，香港更成為當時「遠東足球王國」。

1964 年《華僑日報》有關足球界人士在灣仔太平館的消息報道

太平館灣仔店因常有足球界人士聚會，因而被傳媒稱為「球人茶

座」，韋基舜乃常客之一，他當時任東華體育會主席、東華三院總理、保良局主席等多項職位。他在〈球人茶座太平館〉一文中寫道：「太平館球人茶座，冠蓋雲集……足球圈班主、球員及體育記者、編輯在此相聚擺『龍門陣』。」他回憶最初出現是「輯爺」（何鴻略）及霍寶生，何鴻略本為粵曲清唱家，以薛覺先腔稱著，因他對香港足球有貢獻，足總每年饋予免入場費，任何賽事均可免費入場觀戰，輯爺沒有置家，每夜均往太平館大擺「龍門陣」，消磨時間。霍寶生為當年廣州及澳門最大賭商霍芝庭之子，霍寶生為傑志體育會班主。除了輯爺，還另有一爺，就是綽號「佛爺」的黎兆榮，他在一九四八年曾代表中國國家足球隊參加夏季奧林匹克運動會。

1962 年《華僑日報》刊登傑志足球部在太平館商討組巨型班，（左起）曾參加奧運名球員劉儀、主任梁德謙、港聯隊球員伍球添、名球員姚卓然。

被人們公認之中國足球球王李惠堂，一九四八年擔任國家隊總教練出戰奧運，他與另一位國家隊隊員郭英琪也是太平館常客，這些「國腳」與其他「球人」經常在太平館商討球隊組班、檢討球賽作戰計劃等，甚至因

華聯領隊雷瑞熊
今午太平館犒軍

【特訊】今日瑞士蚱蜢隊最後對華聯隊，華聯隊領隊雷瑞熊，為鼓勵士氣，定今日下午一時在灣仔太平館餐室午餐招待各球員及懇記，商討戰畧，至華聯陣容是否有更勵，到時當作最後決定。

1955年《華僑日報》報道華人聯隊
領隊在灣仔太平館宴請全體球員

太平茶館·
莫慶爆出
內幕新聞

1960年《華僑日報》報道灣仔太平館成
為足球界風雲地

球壇事出現紛爭或風波，而體育記者也常出入太平館，希望從中能打聽到球壇內幕消息。郭英琪退出球壇後，仍習慣每天早上手持報紙到太平館食早餐，了解球壇消息，風雨不改。

一九五五年，瑞士蚱蜢隊到港和香港華人聯隊比賽，大戰前夕，華聯領隊雷瑞熊為鼓勵士氣，中午在太平館設新年大餐招待各球員，雷還邀約了中西名教練李惠堂、史迺頓及「佛爺」黎兆榮，另據一桌舉行小組會議，共商戰略。不料華洋教練對球員排陣意見不一，相持不下，出現爭執，最後史迺頓意見不被接納，餐桌會議開了二小時才能定案，這茶杯裏的風波成了第二天各報紙「大戰餘音」。灣仔太平館正如韋基舜所形容：「太平館內，藏龍伏虎」。

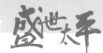

別了羊城

　　一九五五年的聖誕節，香港一片火樹銀花，商店與餐室張燈結綵，太平館餐廳外內佈置滿聖誕裝飾，充滿節日氣氛。按照傳統，太平館推出豐富的聖誕大餐，每客售六元。然而此時廣州的太平館卻是一片沉寂，沒有任何聖誕節日氣氛，因政治原因，像聖誕大餐這些帶有西方宗教色彩的菜餚早已消失於餐廳菜單，市面商店已不見一切與聖誕有關的裝飾。同時，中國政府在「加速走上社會主義道路」的政策下，雷厲風行地對經濟體制進行改造，對全國私有企業開始實行公私合營。

1949 年香港太平館刊於《華僑日報》的聖誕大餐廣告

　　一九五六年初，廣州政府屬下的市飲食公司對全市飲食行業實施公私合營，政府派出代表到各食肆接管經營權，企業的資本家或資本家代理人成為企業工作人員，政府按股份比例對私方老闆發放規定年息，企業盈虧由政府負責。太平館公私合營後，政府委派公方代表進入餐廳負責日常運作，原來代香港徐氏兄弟管理餐廳業務的經理利炳，改擔任私方「負責人」，但實際上這時他只是國家任命的工作人員，再不能替徐家行使任何實際職權。香港徐氏家族此時只是太平館私方股東，每年從政府接收規定股息，但已失去餐廳控制權，太平館公私合營後，餐廳事實上已由國家接管。

1956 年初廣州飲食業同行公會的私人企業老闆集體在公私合營申請書上簽名

　　物換星移，前塵如夢，經過近百年的崢嶸歲月，老字號的傳承，由此中斷，徐老高後人的香港太平館從此與廣州太平館切割，自此粵港兩地太平館，各有歲月，各自悲喜。

1　曾敏之：《文苑春秋》，廣西人民出版社，一九八七年。

2　梁承鄴：《無悔是書生——父親梁方仲實錄》，中華書局（北京），二〇一六年。

3　《春秋雜誌（第四十五冊）》，春秋半月刊社，一九七九年。

4　湯建勳編：《最新香港指南》，民華出版社，一九五〇年。

5　小思：《縴夫的腳步》，中華書局，二〇一四年。

6　韋基舜：《掌故筆記 3——食得是福》，次文化有限公司，二〇一六年。

1949 年香港太平館在《華僑日報》廣告特別寫上裝有冷氣設施

1959 年《華僑日報》有關顧客光顧太平館可獲贈飲品「牛素」消息

1950 年代太平館員工在油麻地店新年聚餐

老店滄桑

廣州解放後，西式飲食同新中國的社會氣氛不相適應，令西餐業生意凋零，不少西餐館倒閉，到一九五六年公私合營前，在廣州吃西菜的地方已不多，比較知名就只有太平館、大公餐廳、經濟辦館。[1] 而廣州太平館實行公私合營後，政府經營政策與之前私營模式截然不同。

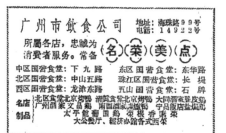

1957 年廣州飲食公司《羊城晚報》廣告，公私合營後廣州飲食公司屬下各飲食名店包括太平館、廣州酒家等。

1956 年公私合營後的廣州太平館餐牌封面

時移俗易的西餐

廣州政府為使西餐大眾化和增加營業額，太平館公私合營後，當局馬上花費了一萬多元對餐廳重新修飾，增加七十個座位，每天營業額七百至一千元。[2] 一九五九年政府將營業地方擴充至左側一棟三層樓房，再增加

三百個座位，亦在地下增設小食品部。年底，太平館被政府指定為第一屆中國出口商品展覽會客人的接待飲食店之一。

"太平館"扩充营业

【本报讯】最近太平館餐厅扩充营业地点，把右邻"新华书店医药卫生专业门市部"原址的地下、二楼改为餐厅。扩充后的太平館餐厅比原来扩大一半左右，座位将增加一百多个，并新设厅房六间，服务人员也比原来增加一半以上。现在装修工程正在紧张施工，装修期間太平館原址仍照常营业。（华）

1959 年《羊城晚報》有關廣州太平館擴充消息

　　政府對所有私有企業公私合管後，亦開始改變市場體制，廣州飲食公司完成對全市食肆公私合營後，馬上召開會議，把全市數十位名廚和點心師傅聚集一起，互相交流經驗，詳盡公開名菜秘法。如太平館的老師傅陸成介紹了享譽已數十年的「燒乳鴿」、「葡國雞」等名菜的烹飪技術，大同酒家廚師龐溢公開名菜「脆皮雞」的做法，金陵酒家廚師崔呂向同業叙述他的拿手菜「片皮鴨」、「桶子油雞」製法。會議目的就是「讓人們吃到更多精美而價廉的菜餚和點心」，改變資本主義市場競爭方式，向着社會主義共享理念發展。同時市飲食公司羅致飲食業老行尊們集體編寫食譜，包括太平館、金陵酒家、榮珍酒樓等數十種佳餚美點烹飪技術，編輯成書，公開發行。當時太平館仍是著名西餐廳，廣州副市長歐初曾先後兩次陪同澳洲共黨書記希爾到太平館吃燒乳鴿和葡國雞等著名菜餚。

　　一九五九年，中國處於「三年經濟困難時期」，糧食和副食品短缺，市政府對飲食業逐步壓縮糧食及食材供應。年底，總理周恩來與廣東領導人到太平館吃晚飯，把太平館黨委書記鍾寧叫去了解餐館經營情況，當知道做西餐的食材短缺，影響質量，周恩來就叫在座的廣東省長陳郁協助解決問題。可能當年周恩來夫婦曾在太平館慶賀新婚的緣故，他在一九五九

年及一九六三年兩次去太平館，都問起老員工情況，還囑咐太平館黨委書記鍾寧「對老工人要尊重，要發揮他們的特長，依靠他們辦好企業，不要隨便將他們調走。」[3]

火紅的年代

一九六六年，轟轟烈烈的「無產階級文化大革命運動」爆發，同時中國政府宣布終止公私合營政策，停止向私方老闆發放規定年息，全國公私合營企業正式收歸國有。

此時「文化大革命」浪潮席捲中國，廣州成千上萬革命學生走上街頭，到處張貼傳單和大字報，向商業上的舊思想、舊文化、舊風俗、舊習慣發動總攻擊。凡認為有封建主義、資本主義、修正主義色彩舊字號被取消，換上帶有革命色彩內容的新店號。廣州飲食業也遭到衝擊，西餐因為來自西方，文革一來，自然在飲食界中首當其衝。

大批革命學生聚集在永漢路上，他們認為「永漢」有大漢族主義的味道，遂將路名改為「北京路」。同時在太平館門前，許多學生認為這店名宣揚太平觀念，帶有修正主義思想，同時店內裝飾氣氛陰沉，委靡不振，是少爺、小姐們的安樂窩，是資產階級藏垢處。報紙寫道：「學生給餐廳送了一幅橫額，上寫「此館『太平』」，另左右對聯分別寫「氣悶音沉，委靡不振，實在乃少爺小姐安樂窩」、「燈黃盞綠，醉生夢死，分明是資產階級好去處」、「這間餐館的革命職工，把『太平館』舊招牌改為『東風飯店』新招牌……把不夠健康的窗櫥重新佈置，把原來不健康的燈飾全部拆

下來，換上了明亮的燈光，還掛上了《毛主席語錄》。」、「現在職工們正繼續研究適合工農群眾需要的大眾化菜點，做到真正為廣大工農兵群眾服務。」餐廳員工同時把六十多款帶有外國色彩的菜點舊名稱，改換為適合中國時代要求的菜點新名稱。除了徹底改變餐館舊的面貌，員工還將全部西餐刀叉餐具賣掉，業務由西餐改為中餐，[4] 由於傳統的西餐名菜遭受衝擊而被迫中止，西廚也只得放棄本業學做中菜，這間曾譽滿羊城的老字號西餐廳從此面目全非。

廣州愛羣大廈
改名人民大廈
華僑大廈太平館均改名「東風」

1966 年《大公報》有關廣州太平館改名為東風飯店的消息

傳統不再

一九七三年，因應接待來華參加「中國出口商品交易會」外國來賓的需要，廣州政府恢復了太平館的店名及部分西餐供應，包括紅燒乳鴿、葡國雞，同時提供野味雞、燻香雞、鮮蝦魚蓉羹、家鄉肉粒羹和脆皮鮮蝦卷等中菜，但由於物資匱乏，並沒有供應牛扒、煙鱠魚等傳統西菜，[5] 一九八五年，廣州飲食服務公司這樣介紹太平館：「經營西餐、中菜、粉麵飯菜、中西美點、包辦喜慶筵席。」在太平館宣傳單張上，寫有各式中式酒席菜式內容，亦可見西餐以中式共食的形式供應，每席可供八至十人使用。除了粵菜太平荷香雞、金華麒麟雞、椒鹽焗鮮魷等外，也供應蝦餃、馬蹄糕等點心。此外，亦附設有冰室及快餐門市，更有月餅供應，此時餐廳風格、風味與傳統太平館已大相逕庭。

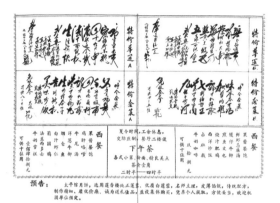

1980 年代的廣州太平館粵菜酒席及西餐套餐內容

1980 年代廣州太平館中西菜式餐單

1985 年廣州市飲食服務公司介紹廣州太平館西菜及中菜資料

1985 年廣州市飲食服務公司介紹廣州太平館菜式

一九九〇年代開始，政府先後多次將太平館交由不同私人企業營運，曾專營西餐，到後來改兼營粵菜、冰室、歌廳，風格與風味不斷更改。雖然廣州太平館提供紅燒乳鴿、葡國雞等西菜，但烹調方式已與太平館傳統做法截然不同，如紅燒乳鴿採用一般粵菜酒家先滷後炸，而非傳統生炸方式，煙鱠魚非採用鷹鱠魚做原料，葡國雞等歷史名菜的烹調製法也與傳統不盡相同。由於經營者多番更迭，令餐廳風移俗變，無論食物與裝飾，與老店都迥然不同。

1990 年代廣州太平館餐牌

遷離老舖

二〇〇五年，廣州政府落實政策，把太平館所處樓房業權發還原業主，即香港太平館徐氏家族。由於廣州太平館經營者與香港徐氏家族在樓房租賃上不能取得共識，經營者於是將太平館遷移鄰近的原美利權冰室位置繼續經營，太平館終於離開這個經營七十八年之久的老舖，一處曾留下周恩來、魯迅、蔣介石等歷史名人足迹的傳奇之地。

雖然現今太平館已非原太平館舊址，但至今廣州及香港不少人，出於誤會或良好願望，仍把現址說成是當年周恩來「婚宴之地」，二〇〇五

年才遷移到現址的太平館卻出現「當年總理用餐地方」而命名為「總理廳」，更杜撰出「總理套餐」。

曾任中共廣州市委書記的歐初，在有關周恩來太平館婚宴及「總理套餐」的文章中寫道：「回顧歷史，許多傳說或多或少有虛構成分；與名人有關的菜式，往往連帶繪聲繪形的生動故事，可惜這些故事中有不少是杜撰出來的。人們寧可相信與事實有出入的美好故事，本來無可厚非。但是作為知情者，一有機會就要說出真相，否則愧對歷史」。[6]

半個多世紀以來，由於種種歷史原因，廣州太平館傳統名菜消失多年，手藝失傳令傳統烹調方式改變，中國著名美食家沈宏非在其作品中寫道：「太平館的歷史卻一再被打斷，日軍的入侵曾使太平館第三代老闆徐漢初遠走香港避難而把廣州太平館交給伙計打理；文革期間，太平館全部西式菜餚被勒令換成中式，店內一切能夠喚起西方想像的部件也被徹底移除。然而，香港的太平館在近六十年裏卻領導並參與了港式西餐成長壯大的全部過程，今天就是以懷舊的市場定位而得以繼續生存，且能保持着一種昂貴的矜持。」沈宏非認為廣州太平館與香港的太平館，也是「一脈」卻無法「相承」。[7]

歲月流轉，時過境遷。廣州太平館經歷了半個多世紀的歷史變遷及社會洗禮，早已舊貌全非，而香港太平館在創始人徐老高家族歷代傳承下，依然故我，堅守着家族傳統經營理念。

1980 年代廣州太平館門口設有年宵
冬果銷售窗口

1980 年代廣州北京路太平館

1 曾霖：《羊城見聞》，集文出版社，一九五六年。

2 《經濟導報》，第四十一期，經濟導報社，一九五六年。

3 《財貿戰線紀念周總理文集》，中國財政經濟出版社，一九七九年。

4 廣州市地方志編纂委員會：《廣州市志（卷六）》，廣州出版社，一九九六年。

5 鍾徵祥：《食在廣州》，廣東人民出版社，一九八〇年。

6 歐初：《依舊紅棉——我親見的名人與趣事》，天地圖書有限公司，二〇〇五年。

7 沈宏非：《食相報告》，四川人民出版社，二〇〇三年。

殖民時光

一九五〇年代初期，雖然廣州解放，粵港兩地太平館仍由香港徐氏家族經營，所以香港太平館在門前招牌上都寫上「粵港太平館」，以示兩地仍屬一家，直到後來廣州太平館由廣州政府接管，招牌上才除去粵港二字，兩地太平館再沒從屬關係。

球壇風雲地

一九六〇年代，香港太平館兩店分處在灣仔及油麻地，灣仔店被不少人稱為「球人俱樂部」，因為經常雲集各大球會班主、教練、球員和記者，這裏有時一半座位都被足球界人「佔領」，多數是各球會班主及足總、華協、足聯、華裁會的高層人物，包括足總主席莫慶、愉園的簡煥章、傑志會的任培、南華會的張錦添、東方會的李均、東華體育會的韋基舜、足聯的何鴻略、華協的羅建雲等，由於各路英雄雲集太平館，足球總會主席莫慶經常在餐廳與各人商榷球會事宜或調解球界糾紛。

1960 年代灣仔太平館

各大報紙經常報道足球人士在太平館內的大小消息，從報紙標題「太平館裏談競選，莫慶決心續掌足

莫慶在太平館表示

瑞隊來賀歲大家歡喜
足總有足夠時間籌備

（特訊）足球主席莫慶，突來在太平館茶聚。他指出歡迎瑞隊來港，並在此時值作他們的訪述。但可以得到一個好兆頭，而且平日礎礎忙忙的球迷當，可給他一諳潤名機，排出一個頗好的娛樂節目。

餘茶話，指出激勵瑞珊如果基麼球迷來海（五）有以本地餐繁繁大家，有如九巴已及警務，其成績確實在不不平，閒其及實力非一派派隊任一（有無加入好手未來的球迷當，亦未被你探精高瀬諒一統之波族簡已）。亦未

1962年《華僑日報》有關足球界人士在太平館的消息

總」、「太平館茶餘莫慶爆出內幕新聞」、「楊威在太平館大發牢騷」、「體壇中人李德祺昨在太平館質問莫慶」等等，就知道「球人」在餐廳的熱鬧情景。一九六二年，「光華」、「傑志」兩大球隊爭奪球員，有球員曾吃過光華「茶禮」，但又被記者發現與傑志高層在太平館閣樓「密斟」，報章形容「動態確夠神秘，看實惹人注意，是探盤乎，是談條件乎」。民國年代廣州及澳門最大賭商霍芝庭之子霍寶生，是傑志會班主，他經常在太平館與各足球界人士聚頭，有次他競選體育界某職位落選，從此絕迹太平館，霍寶生向韋基舜表示「無臉再見太平館父老」，但他仍忘不了球界朋友，時時打電話到太平館與各友人閒談。另一位常客就是澳門賭王何鴻燊哥哥何鴻恩，他每次在太平館一定煙斗不離口，休閒自在享其下午茶。灣仔太平館正如韋基舜所寫：「這個上世紀的球人茶座，充滿傳奇，見盡星冒星沉，人生百態。」

名人聚腳地

九龍彌敦道太平館則有不少名人商賈光顧，包括知名企業家鄧肇堅爵士、廖創興銀行創辦人廖寶珊、九龍巴士足球隊創辦人雷瑞熊等。一九六四年，由於餐廳所在大廈需拆卸重建，徐漢初於

九龍

太平館飡廳

今日正午開幕

擴張營業

下午四時開始營業

華豪備設
節調氣空
錢價民平

受享貴高

品食名著

燒烟焗燒
禾花鮑葡乳
雀魚魚國鴿雞

地址：油蘇蔴地彌敦道大衆銀行樓下便是汽車可經本號門前有泊車位電話：八四一三三○五五

1964年《工商晚報》刊登油蔴地太平館的新店開張廣告

是將太平館遷往半街之隔的茂林街繼續營業。油麻地店也吸引很多影劇界及粵劇大老倌習慣在這裏相聚，包括梁醒波、任劍輝、白雪仙、南紅、張瑛、張活游、林家聲等。同時餐廳也吸引不少家庭客人，著名歌星莫文蔚的爸爸莫天賜是著名食評家，他透露廣州民國年代，外公因為是南北行的殷商，故常惠顧太平館，而他父母也經常到香港太平館。莫天賜父親雖然是西方人，因很多華人朋友如鄧肇堅、胡文虎等，都喜歡太平館中式西餐口味，故也經常隨這些朋友到太平館，而他本人每星期也必到太平館。莫天賜說女兒莫文蔚就學時，如果考試成績好，就會請她到太平館吃飯慶祝。莫文蔚曾在報紙透露，當年她爸爸趁午休時間帶她出來到太平館吃午餐，回到學校，同學們知道後都會對她露出羨慕的表情，對學生而言，太平館是難得一到的高級餐館。時至現在，莫文蔚也經常到太平館，更曾親自帶領台灣記者到油麻地太平館，介紹餐廳歷史及馳名菜式。藝人曾志偉自幼也常常隨爸爸到此店用餐。當年兒童能隨家長到太平館舞刀弄叉，吃一客鐵板牛扒或瑞士雞翼，已是一件既新奇又體面的大事。

1964 年油麻地太平館搬遷新址新張

1964 年油麻地太平館喬遷，員工歡迎到賀的嘉賓。

1964年油麻地店喬遷，祖父徐漢初攝於新店開幕酒會。

港澳
太平舘餐廳

地址：新花園娛樂場內　電話：二○八一-轉一五九

著 名

燒乳鴿．焗蚧蓋．烟鱠魚

精美　各式　冷熱　全日　通宵
西餐　美酒　飲品　供應　營業

1965年《澳門工商年鑑》太平館廣告

　　灣仔太平館亦有不少城中名人前來光顧，包括中華巴士創辦人顏成坤、《成報》創辦人何文發、澳門名人何賢等。其中一位常客便是「澳門賭王」何鴻燊，在他介紹下，一九六五年徐氏兄弟在何鴻燊旗下的澳門新花園娛樂場內開設太平館，令生意首次踏足這個葡萄牙殖民地。這間分店以港人賭客為主要對象，當時《澳門工商年鑑》形容太平館「菜式亦以精巧美味著名」[1]。

社會洗禮

　　翌年一場在內地發生的政治風暴很快改變了澳門太平館的命運，席捲全國的文化大革命運動波及港澳，示威、罷工、罷市不斷，澳門市面不穩，香港往澳門遊客銳減，賭場生意大受影響，太平館除了生意大挫，餐廳也有員工響應工會號召，參與了罷工行列，餐廳業務陷於停頓。徐漢初為了應急，從香港派出員工坐夜船趕到澳門增援，無奈市面動盪，生意難以維持，最後被迫結束了在澳門短暫的業務。

　　香港也受到文化大革命影響，一九六七年，過千示威者多次簇集與油麻地太平館一街之隔的南九龍裁判司署，聲援在裁判署內被提控之暴動被捕者。示威者不斷在裁判署外高唱革命歌曲，張貼標語，高呼口號，有人擲石破壞，亦有私家車遭人放火焚燒，政府對油麻地實施宵禁。幾天後，裁判司署外再出現大批示威者，防暴警察趕到，雙方發生衝突，警察先對人群施放多枚催淚彈，再衝前將示威者驅散，現場煙霧瀰漫，刺鼻的催淚彈氣味籠罩附近一帶街道，在太平館內也可嗅到陣陣令人噁心味道，員工急急把門口大閘拉下，由於社會混亂，那段時間餐廳生意大受影響。

　　灣仔太平館也不能倖免於騷亂，曾有幾百示威者集結在離太平館只半街之遙的英京酒家門前，與警察對峙，太平館員工為策安全，把餐廳大門緊閉，暫停營業。

1968 年灣仔太平館

本餐廳昨（二十九日）喬遷新址開

幕典禮荷蒙

社會賢達

各界友好　親臨致賀　惠賜隆儀，彌增

同業先進

光寵，祇以招待容有未週，謹表

歡意並此

鳴謝

香港太平館餐廳同人謹啟

鋪遷灣仔渣甸山白沙道六號

1970 年《華僑日報》刊登銅鑼灣
太平館店開張廣告

搬遷及擴張

一九七〇年，灣仔太平館因大廈需重
建而搬遷到銅鑼灣白沙道，當年這是一條
人流稀疏的內街，街內店舖都是一些理髮
店、汽車零件店等，整條街道只有太平
館一間食店。當時在香港的意大利藝術家
Antonio Casadei 特別為銅鑼店新店製作了一
幅浮雕，令餐廳增添了幾分藝術氣氛，開
店後很多客人都是原灣仔舊店熟客，包括城中知名商人，如永隆銀行前董
事長伍絜宜、信興集團創辦人蒙民偉、廖創興銀行前主席廖烈文。

上世紀七十年代，太平館已由第四代徐氏兄弟負責打理，眼見香港經
濟起飛，社會繁榮，他們決定在尖沙嘴柯士甸道開設分店。新店地方寬
敞，可容納四十張散枱及卡座，而閣樓則有十張散枱，而大門口則裝上當
時屬新穎的自動玻璃門。當時尖沙嘴有不少做上海人生意的南貨店，他們
都是早年從內地到港的上海商人，因而令尖沙嘴太平館也有不少上海籍客
人，包括著名藝人沈殿霞。著名影視藝人鄧碧雲經常在柯士甸道分店吃下
午茶，每次喜歡坐在同一位子，吃她最愛的瑞士雞翼。著名武打影星成龍
也經常到尖沙嘴太平館，他曾多次包下餐廳閣樓招待從日本過來的影迷
團，餐廳經常出現有趣的「文武場面」：這邊廂鄧碧雲、羅艷卿及一班紅
伶談曲論戲，那邊廂成龍和成家班成員在說武論技。

一九八〇年，名聞粵港的粵劇紅伶紅線女自一九五五年離港北上廣州

1976 年尖沙嘴柯士甸路太平館

1976 年尖沙嘴柯士甸路太平館,
1991 年尖沙嘴柯士甸道分店因租約
期滿而結束。

後,二十多年來首次隨廣東粵劇團重臨香港,鄧碧雲在柯士甸道太平館設
午宴招待紅線女及劇團成員,紅線女赴宴前特別到美容院美髮一番。鄧碧
雲特別點了燒乳鴿供客人享用,各人更用手代替刀叉,更覺滋味。因為
鄧碧雲與紅線女將來有意合演折子戲,故在席上倆人經常低聲哼曲,相互
說笑。翌日報紙以「鄧碧雲請食乳鴿,紅線女吃得痛快」為題報道此次

午宴,後來紅線女重臨香港,與
影星南江在油麻地太平館用餐,
巧遇我父母,紅線女親切跟他們
說:「四、五十年代我已經常到太
平館……」二○一三年,紅線女生
前最後一次到香港,回廣州前,她
再次到油麻地太平館晚飯,我親自
邀請她題字留念,她欣然寫下「吃

1980 年香港《商報》報道紅伶鄧碧雲在太平
館宴請紅線女、陳笑風等廣東粵劇團成員

了就太平」幾個大字，彌足珍貴。

　　一九八〇年代社會繁榮，百業興旺，一九八一年，太平館尖沙嘴加連威老道分店開張，地下大門樓梯引上二樓，店面足放四十多張散枱及卡座，是香港太平館面積最大的一間。一九九一年，尖沙嘴柯士甸路分店因租約期滿結束。上世紀八十年代社會繁榮，百業興旺，是香港的黃金年代，而隨着一九九七年香港回歸中國日近，太平館將再次見證大時代的變遷。

1970年銅鑼灣太平館

1981年《東方日報》尖沙嘴加連威老道太平館新張廣告

1　《澳門工商年鑑》，大眾報社，一九六五年。

1964 年油麻地新店開張，在大華戲院播放的廣告。

聖誕特別大餐

1 什菜略莽
2 火腿鶏茸燕窩湯
3 煙倉魚 沙力
4 燒肥乳鴿
5 洋腿燒火鶏 魚奶
6 炒椰菜
7 聖誕布甸
8 喋啡或茶
9 合時生菓

每位 45

·前夕開始供應·

1978 年太平館聖誕大餐收費 45 元

1994 年尖沙嘴加連威老道太平館

1976 年家父徐憲淇（前左四）、伯父徐憲汶（前左三）、叔父徐憲永（前右二）與朋友在尖沙嘴太平館合照。

新時代

一九九七年七月一日，香港結束殖民統治，回歸中國，百年太平館再次經歷改朝換代，見證歷史。

回歸宴

回歸當晚，油麻地太平館內座無虛席，一片熱鬧，已晚上十時多，著名影星成龍與一眾藝人朋友正吃得興高采烈，他們剛參加完大型慶祝回歸晚會表演，情緒高漲，成龍對餐廳員工笑言：「這餐大會請客⋯⋯」據聞當晚表演嘉賓都有津貼，可能他們真的把津貼拿出來大吃一頓「回歸宴」。回歸後，愈來愈多內地旅客到香港旅遊購物，令到太平館廣為內地客人認識，很多內地傳媒對太平館這個香港獨特飲食文化食店作出報道，黑龍江電視台製作「香港回歸十周年特輯」，訪問了我對回歸十年的感受。

回歸後，太平館繼續「星光燦爛」，影星周潤發也多次到太平館，有次在餐廳與他巧遇，當時他經常在美國荷里活拍攝電影，對我說在異鄉十分懷念香港瑞士汁美食，提議把瑞士汁入瓶出口到美國銷售，讓他在美國也有機會品嘗港式風味。他離開餐廳前，我特別盛了兩瓶瑞士汁送給他，他還開玩笑說，要把那瑞士汁帶回荷里活。太平館也常見一眾電影導演的蹤影，香港名導演杜琪峰經常在太平館宴請朋友，更向我贈送了以他名字命名的紅酒。荷里活著名華裔導演李安、香港名導演王家衛、徐克、張堅

庭等，也是太平館的座上客。

台灣歌手周杰倫也經常到太平館，他每次必點瑞士雞翼，因台灣傳媒報道令瑞士雞翼為台灣民眾所認識。二〇〇七年，周杰倫在香港舉行演唱會期間，剛好他首次執導的電影在台灣金馬獎中獲得三大獎項，他趁演唱會休息一天的空檔，與一眾工作人員到尖沙嘴太平館吃瑞士雞翼，順道慶祝他的電影得獎。另一位台灣歌手張惠妹在太平館品嘗瑞士雞翼後，親自向我詢問瑞士雞翼的烹製方式，其他台灣歌手如邰正宵、任賢齊等也曾是餐廳座上客。

大半世紀，曾在太平館用餐的明星藝人多如繁星，從早期的白燕、李麗華、薛覺先、馬師曾、紅線女、任劍輝、張活游、李小龍等，到現在的周潤發、鍾楚紅、許志安、鄭秀文、周迅、周杰倫、鄭伊健、張曼玉、梁朝偉、劉嘉玲、劉德華、張學友等。著名歌星莫文蔚經常出現在油麻地店，瑞士雞翼、燒豬肶（腿）、梳乎厘都是她最常點的食品，莫文蔚認為太平館這老店「從裝潢到菜單完全沒變過，太經典了」。此外，太平館也多次成為電影拍攝取景場地，包括《心動》、《金雞2》、《門徒》、《親密》、《七擒七縱七色狼》等。而曾到太平館用餐的外國明星包括荷里活著名男星麥迪文（Matt Damon），他與太太及一眾友人享用完晚餐後，還高興地與員工握手致謝。著名菲律賓男演員Eddie Garcia，二〇一三年在香港奪得「亞太影展」影帝，他得獎後會見傳媒時表示：「我好喜歡香港，每次來都會去太平館吃乳鴿。」第二天報紙在報道有關消息時，標題寫上「出爐影帝愛乳鴿」。

館中情

二〇〇二年，著名影星周星馳奪得「第七屆金紫荊頒獎禮」最佳導演、最佳電影兩項大獎。典禮結束後，周星馳與眾人到太平館吃飯慶祝，大批記者早已在餐廳門口等待，周星馳心情極佳，還叫記者不如與他一起吃頓「清茶淡飯」。第二天各大報均列出了周星馳慶功宴的「清茶淡飯」內容，包括燒乳鴿、焗石斑飯、蟹肉意粉、炒雜菜等。周星馳光顧太平館多年，四間分店均見其蹤影，羅宋湯、燒乳鴿都是他常點的菜，還有一個特別為他而做的菜：「鮑魚燴豬扒（排）」。二〇〇〇年，一位十一歲的香港血癌病童在美國找到合適骨髓可作移植，但尚欠九萬多元手術費用，周星馳在報上得悉此事，決定捐款相助小童做手術。他相約病童及其父母在油麻地太平館相見，周星馳見到小童一家後，細心詢問小童情況，最後再三叮囑助手記得將支票交予病童父母。

娛樂界名人曾志偉自幼和表哥馬時亨，經常跟隨爸爸曾啟榮到太平館吃瑞士雞翼，後來曾志偉也成了太平館常客。二〇一一年，曾志偉在香港為在台灣過世的爸爸曾啟榮舉行追思會，期間還派發由女兒曾寶儀親自為爺爺做的紀念冊。事後，曾志偉齊集全家人，特別到了油麻地太平館吃瑞士雞翼來懷念父親，曾志偉還親手將紀念冊交給我和母親以作紀念。曾任財經事務及庫務局局長的馬時亨在紀念冊內撰寫了一篇文章〈瑞士雞翼，我們的暖暖回憶〉，緬懷幼時與舅父在太平館的難忘往事。多年前，曾志偉女兒曾寶儀與台灣藝人柯有倫主持外國電視台旅遊節目，介紹香港特色飲食及景點，在太平館拍攝過程中，柯有倫看到他父親柯受良身前在餐廳的親筆簽名，曾寶儀聽到餐廳員工說起她爺爺當年最愛吃的食物，這一切

2007 年著名藝人曾志偉與我在太平館合照

都讓他們感動不已，勾起他們不少美好回憶。

　　人稱「肥姐」的著名藝人沈殿霞生前是太平館幾十年老顧客，據她女兒鄭欣宜回憶：「媽媽與朋友聚會，多數是吃飯，我聽媽媽講得最多的就是太平館。」她說以前媽媽做《歡樂今宵》的日子，已經跟波叔（梁醒波）一起到太平館，媽媽每次和她到太平館都會點很多菜，把最好的食物都留給她吃。沈殿霞後來身體不適住醫院，欣宜說只要媽媽想到吃餐廳食物，一定想起太平館，肥姐親自向餐廳下單，欣宜會把餐廳食物帶到醫院給媽媽吃。欣宜說：「太平館可能令她想起年輕的時光，對我而言，這些食物卻代表媽媽對我們的關懷。」

　　馳騁香港馬壇、藝壇幾十年的著名評馬人董驃，生前也是太平館老客人，他每次到餐廳都喜歡和侍應談馬經、講典故，妙語如珠，員工都聽到入迷，更希望在談吐間得到一點賽馬「靈感」。後來董驃得病入住醫院，

仍不忘太平館的燒乳鴿，特別吩咐相熟餐廳員工，親自把食物送到醫院給他。

已故填詞人、作家黃霑與太平館的淵源可追溯至上世紀四十年代廣州，當年黃霑父親已帶幼年的他到太平館吃西餐，黃霑的女兒黃宇詩透露，父母平時各自在不同地方吃飯，太平館則是父母各自或會一起帶她和兄弟去吃飯的地方。莫文蔚的爸爸莫天賜曾對我說，他們家族四代人，從廣州到香港都是太平館客人，說女兒喜歡到太平館，因為那裏有很多她快樂的回憶。

對很多人來說，太平館已不是一間普通餐廳，它是一處能帶來舒心食物及美好回憶的地方。

香港經典

二〇〇四年，中環開設太平館分店，餐廳分上下二層，格局與尖沙嘴分店近似，可容納一百二十名客人。新店裝飾保持一貫的懷舊風格，微黃的燈光，深褐亮澤的木牆，喱士窗紗，傳統沙發卡座，西

2007年我在台灣接受記者訪問

式壁燈照射餐廳歷史照片，充滿和諧情調。新店遵從老店百年傳統，就像其他三店那樣為員工提供宿舍，相信在香港飲食業中已是碩果僅存。藝人周潤發、劉嘉玲、梁朝偉、周杰倫、趙薇、周迅，荷里活影星麥迪文及尊龍等都曾是中環店座上客。

2020年太平館160周年專欄作家李純恩為
太平館題字留念

　　二〇〇七年，受台灣遠東國際大飯店邀請，太平館首次跨海獻藝，我親自率領四位廚師及經理進駐酒店十天，原版呈現燒乳鴿、瑞士雞翼等百年傳奇美饌，受到當地傳媒廣泛報道。二〇〇八年，奧運會在北京舉行，中國旅遊局在介紹奧運協辦城市旅遊資料中也列有香港太平館名字。同年香港太平館在上海淮海中路時代廣場開設分店，上海眾多媒體刊登有關消息，後來由於飲食文化差異，加上異地營運，出現人力與食材供應鏈等問題，租約期滿後退出內地市場。二〇二〇年，是太平館創館一百六十周年，專欄作家李純恩為太平館題字「風雲際會百六載，人間煙火享太平」，送贈我作為留念。同年，太平館榮獲傳承學院家族企業傳承大獎，時任政務司司長張建宗參加了頒獎典禮。

　　一個半世紀，太平館走過艷陽高照，也歷過風風雨雨，五代人秉承着家族的傳承與堅持，閱百歲而不改。

1997 年香港回歸特刊上的太平館廣告

2002 年太平館在《明報》刊登的賀年廣告

2007 年我與員工合攝

2012 年我的父親徐憲淇、母親徐陸潔清在太平館合照。

2012 年著名粵劇藝術家紅線女生前最後一次訪港，回廣州前在太平館簽名留念。

電視台節目主持人盧覓雪曾在無綫電視、鳳凰衞視、ViuTV 等節目訪問我，2018 年我和母親與盧覓雪合照。

2018 年我接受立法會議員張宇人電台節目訪問

2019 年黃興桂（右一）、馬主凌基偉（右二）、時任足球總會主席梁孔德（右三）、騎師莫雷拉（左二）與我在太平館聚餐。

2020 年我與太太及兒女在太平館合照

中環太平館

2007 年食家蔡瀾與我在太平館合照

著名嶺南畫派畫家黎雄才在香港回歸後為香港太平館
題字「盛世太平」

2020 年我在傳承學院頒獎典禮上發言，講述太平館家族百年傳承之道。

2020 年太平館榮獲傳承學院家族企業傳承大獎，時任政務司司長張建宗（左四）、傳承學院主席陳裕光（左二）、院長李志誠（右一）與我（左三）合照。

2018 年，希慎集團舉辦分享會，主席利蘊蓮、藝人林漪娸、歌手陳潔靈等與我一齊分享銅鑼灣利園區及太平館的故事。（《明報》資料圖片）

領袖與乳鴿

民初時期，太平館的燒乳鴿早已譽滿羊城，為名人所垂愛，包括孫中山、周恩來、蔣介石等，其中更帶出不少鮮為人知的歷史典故。

一九二〇年代，在廣州任大元帥的孫中山，因他喜食太平館燒乳鴿，所以在元帥府宴客也交由太平館負責。一九二三年秋，豫軍總司令樊鍾秀自東江前線返回廣州，孫中山在河南大本營大元帥府二樓設筵招待。邀約者包括粵軍總司令許崇智、湘軍總司令譚延闓、滇軍總司令楊希閔、桂軍總司令劉震寰，由駐地軍長范石生、蔣光亮作陪。那天餐宴採用西餐形式，設長桌自南而北放置，孫中山坐主席位，各總司令、軍長分東西對坐，由太平館負責到會服務，提供西式菜餚。[1]

美食平風波

一九二四年，在廣州的孫中山擔任民國大本營大元帥，某天他在河南的大本營，走進總參議胡漢民辦公室，順手打開一個公事箱，取出幾份文件順手翻翻，居然發現滿儲着他所下的手令，這些手令都被這位深得他信任的總參議束之箱

孫中山與胡漢民（左）、蔣介石（右）

中、從未發落。孫中山滿面怒容地把手令一張張拿出來，對胡漢民厲聲呵斥。「這一頓責問與質問，前後持續達半小時之久。」在場的參議兼江防司令李宗黃描述道。

當時大家聞聲過來察看，場面尷尬，李宗黃偷看胡漢民，見他「凝神傾聽，鉗口不語，神情顯得十分之雍容鎮定，顯見他正心平氣和。」等到孫中山呵斥告一段落，胡漢民才好整以暇地答辯，不是說某項任務手令處置不當，不應頒發，便是某項手令調兵遣將不合機宜，或某項撥款須另行斟酌，解釋都合情合理。最後胡漢民動了肝火，厲聲問道：「即使是在專制時代，也還有大臣封駁詔書，請皇帝收回成命……當年先生親擬中華革命黨的黨員誓詞，其中有『慎發命令』一條，先生還記得麼？」孫中山答道：「記得。」胡漢民更振振有詞：「我雖無宰相之名，卻有其實。請問先生，今日之事是不是我在行使我應有的職權，盡我應盡的責任？」孫中山一時語塞，啞口無言。

此刻總參議室氣氛沉默難堪，最後孫中山終於開口說：「說來說去還是你對，我說不過你。」但胡漢民還不放過，接着說：「先生應該說一句『你是對的』才合理。」此語一出，室內氣氛愈趨緊張。孫中山一時下不了台，此時剛好辦公室的掛鐘「噹」的敲了第一響，李宗黃抬頭一望，十二點了，正急作調停的他靈機一動，陪上笑臉向孫中山和胡漢民說：「下班了，今天時間湊巧，可容讓我做一個小東？一道渡河去吃太平館的肥鴿。」孫中山一聽登時展顏笑了，說道：「好呀，我們一齊去。不過應該由我作東，因為今天是我的錯。」胡漢民至此也怒容全消，為了孫中山安全起見，他回應道：「太平館吃客多，太雜亂了，先生不宜。要是先生

真想吃太平館的肥鴿，最好還是照伯英兄（李宗黃）的老辦法，在他的司令部裏叫來吃。」孫中山從善如流，點頭同意，隨即步出總參議室。李宗黃回憶道：「我和展堂兄（胡漢民）把辦公室上的凌亂文件收拾好，方始相偕同去太平館，享用那羊城第一的肥鴿。我們默無一語的享受一頓美餐，彷彿今天什麼事情也不曾發生過一般。」就這樣，李宗黃巧用「吃太平館肥鴿」化解了一場風波。

歡宴孫元帥

　　廣東江防司令部設在廣州天字碼頭，孫中山到元帥府辦公，經常要從碼頭經過，往往孫中山抵達天字碼頭後，忽又發現他回府用餐時間不夠，在這種情況下，李宗黃通常會請孫中山在司令部共晉午餐。李宗黃在回憶錄寫道：「孫先生喜歡吃太平館的肥鴿，我便令人從太平館叫了肥鴿佳餚來陪孫先生共享，孫先生每每吃得朵頤大快。」因為胡漢民曾說過讓孫中山在江防司令部裏吃肥鴿一事，於是李宗黃特地作了一番安排，備一桌別出心裁的酒菜。「那天我準備歡宴孫先生，首先就決定了請太平館為我們辦以肥鴿為主菜的酒席，太平館距離我的江防司令部不遠，以肥鴿佳餚而名揚四海。」李宗黃寫道，「太平館的肥鴿由他們自己派專人飼養，每隻高達一斤以上。益以太平館老廚師的妙手烹調，肥美鮮嫩，誠足令人齒頰生香，久久難忘。」

　　想起孫中山平易近人、樸實無華的作風，所以這次李宗黃作了一次不尋常的大膽安排，請一些平常難以親近孫中山的軍人作陪客，以孫中山和他的兩名貼身衛士為主客，其他客人包括江防司令部參謀長董雨霖、

副官李荷生及警衛營長、連長、排長、班長、士兵各一人為部隊代表，李宗黃及他的二位衛士，恰好坐滿一席。歡宴孫大元帥那日，待孫中山在首席坐定後，李宗黃站起來向孫中山報告：「今天，是我們廣東江防司令部全體官兵，在這裏歡宴孫大元帥。」李宗黃開始向孫中山逐一介紹席上各大小官兵，顯然孫中山對這別開生面的宴會安排十分欣賞。

○大元帥大宴各軍長官

大元帥以東北兩江軍事、連戰皆捷、皆由各軍將士效命、殊堪嘉獎、昨十九日下午、特設筵帥府、宴請各軍高級將領、聯軍楊總指揮、湘軍譚總司令、桂軍劉總司令、及各軍長師長均列席、席間大元帥演說、嘉獎訓勉一番、狀甚雍容、對于北伐大計、亦有所討論、各將領皆為之勤容、宴至八時許、始行罷席云、

1923 年《民國日報》報道大元帥孫中山以太平館西餐宴請各軍高級將領

革命最大目的

　　孫中山和席上各人談笑風生，親切地詢問各人籍貫、家世、離家多久及是否加入國民黨等。在座的眾官兵因孫中山的和藹可親而將初見大元帥那份畏懼、拘束拋諸九霄雲外，大家和孫中山對答如流，氣氛熱鬧。然後，孫中山問了大家一個問題：「你們諸位到廣州，為的是什麼？」警衛營長楊繼武答道：「為的是革命！」孫中山聽到後不禁一喜，「很好，答覆得很正確。」他繼續說：「本大元帥這次到廣東來，純粹是為繼續革命未竟之業……這個革命階段完成了以後，我們就要全力實行三民主義。我們三民主義裏面，最重要的是民生主義，也就是喫飯問題……第一步，我要使人人有飯喫，第二步，更要使人人都有好飯好菜喫。就像今天、此刻一樣，我們今天非常幸福，能夠喫到這麼好的飯菜、這麼好的鴿子。但是

我們既然是革命者，就不能只顧自己不顧別人。我們一定要更進一步……解救被殘暴軍閥欺凌壓榨的全國同胞，讓我們四百萬同胞都能喫到這麼好飯菜，這麼好的鴿子，那才是革命最大的目的、最終的目標！」

　　孫中山一番救國救民的激昂演說，令在座的每個人熱血沸騰，不約而同興奮地鼓起掌來。孫中山最後說：「今天是我們一生之中最難能可貴的一次聚會……我相信我們每一個人都會永遠記得今天，此時此地，這個歡樂的場面。所以現在我們要一起舉杯，祝大家身體健康，革命早日成功！」大家紛紛起立舉杯，歡呼大元帥萬歲，興奮的情緒達至極點。[2] 讓全國人民能吃上這樣好的飯及鴿子，成為孫中山革命的最大及最終目標，太平館負責的這次宴會歷史意義可謂非凡。

乳鴿魅力

　　一九二五年八月七日，在黃埔軍校任政治部主任的周恩來與五年沒見的情人鄧穎超在廣州重逢，第二天，他們去了太平館吃晚飯。一九八七年鄧穎超曾對她的秘書趙煒透露：「我和恩來去了一家有名的老店太平館吃燒乳鴿，這是恩來歡迎我到廣州工作，同時也是慶賀重逢和結婚。」[3] 一九五九年，身為總理的周恩來再次到了太平館，時任廣州市常務副市長歐初透露，周恩來與夫人鄧穎超到了廣州以後，找來廣

1925 年周恩來與鄧穎超在廣州

東省委辦公廳副主任關相生、公安廳副廳長蘇漢華，説打算次日早晨邀請幾位省市負責人到太平館茶聚，並交代一定要上燒乳鴿等食品，"可見乳鴿這美食對周恩來夫婦來説確有特殊意義。

一九三六年，蔣介石留穗期間，專程與夫人宋美齡和官員到財廳前太平館支店享用乳鴿，後來蔣也曾在視察機關後，想起乳鴿美食，在未有預先佈置警衛情況下，一時興起臨時到太平沙太平館，用餐廳電話召侍從室主任兼侍衛長錢大鈞、軍機大臣陳布雷到太平館一起享用燒乳鴿。當時報章報道：「蔣氏上周於巡視各機關後，曾輕車減從，至太平沙太平館，以電話召錢大鈞、陳布雷諸氏至，各餉以全鴿一隻，蔣氏咀嚼甚艱（因拔除痛齒多顆需配上義齒），亦自享其一，自言前留粵時，最嗜食此物，今一別十年，復嘗此味，乃彌覺雋永云。」可見蔣介石對太平館燒乳鴿之喜愛程度。事後，蔣介石自感因一時嘴饞，罔顧安全逕自到太平館用餐而自責，在日記《本周反省錄》中寫上「私到太平館吃鴿子，不正也」。

一隻小小的乳鴿，竟可在眾多中國領袖中留下深刻印象，堪稱美食傳奇。

主席愛吃燒鴿

● 太平

蔣主席夫婦這次赴杭州去遊了一次，在太平館頭樓吃嘢，點了醋溜魚等十二樣菜，這正是在杭州吃燒乳鴿。主席平常最喜吃燒乳鴿，稱燒乳鴿為丰一樣菜，因為在黃浦軍官學校任校長時，廣東正是燒乳鴿為最有名，故此主席視燒乳鴿為獨時常召察委員長，過並未如耳杭餐一頓主菜，似於生平。之極物少，故燒鴿因患牙痛之故，不敢多吃了。主席一頓餐，硬炙熱物為多，進食似於生平，燒鴿已不敢多吃了。

1946 年《凌霄周刊》關於蔣介石喜愛太平館乳鴿的報道

1 劉真、陳志先：《中山先生行誼》，台灣書店，一九九五年。

2 李宗黃：《李宗黃回憶錄：八十三年奮鬥史》，中國地方自治學會，一九七二年。

3 趙煒：《西花廳歲月：我在周恩來鄧穎超身邊三十七年》，社會科學文獻出版社，二〇〇九年。

4 歐初：《依舊紅棉──我親見的名人與趣事》，天地圖書有限公司，二〇〇五年。

口食話（五）　樸

燉品為近年酒家所尚，一般食客，漸趨重之。如暑天之冬瓜燉鴨，荔荷燉鴨之，亦稱上選。顧廚人製法恆卓，所謂原盅燉品，類多以瓦盅濃燉，供客時始易以磁盅，則取其美觀，按其實際，非關水嫩也。上等酒家，每和上湯，雞鴨鴒之骨，究失原味矣。鴒鴿之骨較脆，酒之熬粥，極鮮美。配以筍粒炒鬆，拌智佳妙。肥軟之乳鴿，則宜燒烤，象探西法。如太平館之燒乳鴿，是其最著者。鴿之骨較軟，肉極滑，燒烤待法，則皮肉鬆脆，誠下酒品也。

1926年《民國日報》專欄稱太平館燒乳鴿「是其最著者」

孫中山及夫人宋慶齡與衛士官兵合影

孫中山（前排右六）與國民黨中央委員合影（後排右二為李宗黃）

漢民北路　太平館　著名西菜　精製　燒肥白鴿　焗葡國雞　電話：一二一二八四七六

1945年刊登在《廣州日報》的太平館燒乳鴿廣告

見證風雲

　　廣州民國時代，政局動盪，舉步艱辛，當時不少軍政要人在太平館商談國事或宴客活動，在這風雲莫測的大時代，令餐館見證了一幕幕歷史風雨。

激盪的革命歲月

　　一九一三年，孫中山決定討伐時任民國臨時大總統袁世凱，要求廣東都督陳炯明響應，此時廣東革命黨人也紛紛要求陳討袁。一九一三年七月，著名學者李紹昌本欲與廣東教育司長鍾榮光討論教育問

孫中山在黃埔軍校演講，右一為夫人宗慶齡、左一為廖仲愷、左二為蔣介石。

題，獲知對方無暇討論教育，因所有精神皆關注於如何舉行第二次革命，推翻袁政府。七月十二日，江西宣布獨立，脫離袁世凱政府，七月十七日安徽也宣布獨立。當天晚上，李紹昌與鍾榮光往太平館食西餐，用餐期間，鍾向李解釋和討論推翻袁世凱政府之必要性。[1] 翌日，陳炯明宣布廣東獨立，通電反袁，不久上海、福建、湖南等亦相繼宣布獨立。惜粵軍軍心不穩，部分將領更被袁收買，叛附袁世凱，廣西的龍濟光被袁任命為廣東宣撫使，率兵討伐陳炯明，迅速攻佔廣州，陳炯明、鍾榮光與各司司長

均逃往香港，二次革命以失敗終結。

一九一八年十二月十九月晚，民
國大元帥參謀次長兼石井兵工廠督辦
鈕永建與友人在太平沙太平館共食西
餐，食畢步出餐館，坐於鄰座的一
名食客亦尾隨而出，鈕永建甫出太平
館大門，忽聞背後槍聲，便感臀部中
彈，而槍手則混入人叢中乘亂逃去，

1918 年《申報》報道鈕永建在太平館用餐
後遭槍擊的消息

趕到的警察只撿獲刺客遺下之手槍。鈕永建忍痛喚車前赴醫院，經手術後
取出子彈，幸傷勢不重，事後政府懸賞二千銀元緝拿槍手。此事震驚一
時，全國各大報均有報道，大元帥孫中山知悉後，特致函慰問鈕永建，
「前日據新聞傳說執事在粵猝遇兇徒，致受微創，聞之深為駭愕。猶幸吉
人天相，化險為夷，尚足稍慰。惟粵為通都大邑，而姦宄橫行，弁髦法
紀，宜嚴懲兇黨，以儆將來，並望勉事調治，以期速瘳，出入戒慎，以防
未然。」[2]

一九二二年，非常大總統孫中山北伐的行動，遭到廣東粵軍統領陳炯
明反對，更密謀發難推翻孫中山。據廣東憲兵司令羅翼群回憶，六月十五
日下午五時，得情報謂陳炯明部隊可能生事，他即赴總統府與警衛團團長
陳可鈺同入謁見孫中山，匯報各方情報。當時孫中山猶謂陳炯明不至謀
叛，更言「我信他不敢做犯上作亂之事。」見孫中山看法如此，羅翼群與
陳可鈺唯有退出，同赴太平館晚飯。[3] 不料飯後幾個小時，陳炯明便發動
叛變，率軍攻進廣州市區，孫中山和羅翼群被迫夜半喬裝從住處出走，逃
避叛軍追捕。

改寫歷史的早餐密談

一九二四年，滇軍總司令楊希閔率軍開入廣東協助孫中山驅逐陳炯明，但他駐守廣州時，縱容部下侵佔民房，強徵稅收，引起粵人憤怒。面對滇軍橫行日甚，形同匪類，孫中山決意整頓。某日早上，大元帥秘書長廖仲愷與江督辦公署參謀長、粵軍領袖陳濟棠同往晉見孫中山，孫告訴他們：「決定撤換楊希閔，藉以整飭滇軍。」三天內必行動，並謂：「此事只汝二人及胡展堂（胡漢民）知之，切不可外泄。」陳濟棠卻認為陳炯明事尚未平定，且粵軍兵力不足，難以應付滇軍，此事應慎重考慮，以免危及政權。孫中山見此答道：「汝等意見與胡展棠昨日所言者均相同，此刻無須多費時間討論，且展棠隨余革命，統計有六成以上之成功。余約其今早九時再討論，假使渠理勝，余將贊同其意見。」廖、陳二人告辭後，眼見孫中山堅持己見，急欲找時為中央執行委員的胡漢民商議，於是廖仲愷提議：「可在太平館候其車過截之晤談，一方面可用早餐。」後胡漢民至太平館，與陳、廖二人商談撤換楊希閔之利害，權衡得失，大家均不主張輕舉妄動。早餐後胡漢民至孫中山處，面陳其利害，卒令孫中山取消撤換楊希閔之決定，太平館裏的一個早餐密談，改變了近代中國史。[4]

一九二七年十月二十一日凌晨，由中共地下黨領導的國民第四軍教導團起兵攻佔廣州警察局，並由工人民眾組成的武裝赤衛隊協助下，很快控制了大部分市區，並成立了「廣州蘇維埃政府」，史稱此次事件為「廣州起義」。時任國民革命軍第四軍警衛團指導員的陳同生參加了行動，據他回憶，教導團到永漢北路擔任警戒，部隊駐在財政廳，連部就設在離財政廳不遠的太平館樓上。[5] 在此段時間，由於警察逃遁，市內很多商店遭人

劫掠，多處房屋被焚。翌年一本記載此次事件的書這樣描述：「各處計火頭十餘處，由中行後背直燒入太平沙內街。屋舖對峙悉付一炬，北邊燒至太平館西餐店止，南邊燒至藝新印務館止，共廿餘間⋯⋯」[6]太平館險遭火吞，幸逃過一劫。後來國民黨的部隊反攻廣州，共產黨部隊最終被迫撤出廣州，結束了短短三天的紅色政權。

門禁森嚴

一九三四年六月，內政部長黃紹雄、中央軍事委員蔣伯誠、第六軍總指揮薛岳受中央政府之命南下，在廣州與西南黨政領袖李宗仁、陳濟棠商談肅清「共匪」及黨政合作。黃紹雄清晨抵廣州後，分別與李宗仁及陳濟棠見面，中午應李宗仁之邀請，到財廳前太平館午宴休息片刻，飯後再與李到西南政務處會晤其他政府官員，一路風塵僕僕。而第三軍長兼南路「剿匪軍」第二縱隊指揮官李揚敬，以蔣伯誠、薛岳二人均為商榷「剿匪」軍事而來，特於十五日下午六時，在財廳前太平館設晚宴招待蔣、薛二人，與宴者包括其他司令、軍長、省政府官員等共三十多人，太平館這天成了時局的焦點。

焚。赤賊流毒。默德勛威。殃及鄰舖。悉付一炬。太廈高樓。盡數遭劫。計火頭十餘處。（由中行後會直燒入太平沙內街。屋舖對峙。悉付一炬。北邊燒至太平館西餐店止。南邊燒至藝新印務館止。共廿餘間。一係由太平沙北邊延燒。掠過三馬路。及此鄰之博愛醫院。幸免波及。其鄰之電話電燈線完全被焚。龐大之白熠。縱橫地下。尚有一處熊中熠焰為灰爐。二馬路之博愛醫院。摧慇那獨足者。街頭之電話電燈線完全被焚。龐大之白熠。縱橫地下。尚有一處熊熠熠如蜂巢。館內橫有屍骸七具。皆憔悴那獨足者。街頭之電話電燈線完全被焚。由南園對面直燒出大馬路。此處受累一連四十八間。大洋樓全燬（即舊日龐角酒店地址）。又皆燒無遺。直延燒至十一日夕二時狀勢稍懈。十二日上午十一時守海味街口之共匪。遙射其毒矢。紅光全燒無遺。用火具向該街某米店縱火。開設該店牛時頗有積素。共賊垂涎不殺所懲。

1928 年出版的《廣州事變與上海會議》一書描述了太平館險遭火劫

太平館中之□□宴

財政廳前全斷絕交通

鄧澤如亦被阻止通過

昨（四）日正午十二時，一回兩粤軍首司令陳濟棠、李宗仁、副總司令白崇禧、第三南軍長余漢謀、鄧龍光、李揚敬，獨立第三師李漢魂、獨立第四師長鄧世增，民政廳長林翼中等數人，由第二縱隊及中央分廣陸校返省路經太平館午宴，飯後散會行請，均派有數十名憲兵手持槍械嚴密佈防，並派汽車及手車通過，又太平一帶，所有路要近房間，府綺樓街數人往往檢查，並在太平館門前，派有數十名憲兵站崗佈哨，及公行道，陳紹白令亦知道，亦被憲兵佈止通行、駐崗鄧氏證明為政務委員，及公行過，各授官返去，憲兵隊方行撤門，直至午後一時許，醬肆落樓，各授官返去。

1934 年《天光報》報道廣東省領導人陳濟棠宴請廣西領導人李宗仁、白崇禧

1934年永漢北路，中間建築物為財政廳，右方可見太平館招牌。

李揚敬昨召返省將領諮詢

（廣州專訊）第三軍長領第二縱隊指揮李揚敬。近以勞伯誠、鄧輝、黃世遠、邱福成等，應召者有黃賀文、師教導團各師長等。廿三團長勞伯誠。第八師長黃賀文。本人兼治理偵病。在省或約遲兩月餘。（答）此次返省任務如例。（問）（答）所得陳總司令在省軍或道東江返省。（問）此次返省任務如例。（問）（道東江返省）（問）廿三團長勞伯誠。（答）本人蒞任之初。（答）此次返省任務如例。（問）第二縱隊克復……應召者有黃賀文……勞伯誠鄧輝黃世遠邱福成等……席太平支館歡讌……均先後由防火班或……師教導團各師長等。均先後由防火班或……特留諮詢參贊的邊情制匪善後概況。及……

1934年《華僑日報》有關國民政府軍政要人在太平館宴客活動的報道

一九三四年七月，主政廣東的第一集團軍總司令陳濟棠，邀請主政廣西的第四集團軍司令李宗仁等人到燕塘廣東軍事政治學校，參觀該校剛從外國購到的新式大炮、機關槍，並觀看了大炮試射。完畢後，陳濟棠邀請眾人到財廳前太平館午餐，由於在餐廳聚餐的都是粵、桂兩地領導人及軍官，而當時正處兩地政府聯手對抗中央政府的緊張局面，所以當局採取了嚴密保安。由財廳前至大新公司門口一帶的永漢北路，派有幾十名憲兵手提機關槍嚴密保護，禁止所有汽車通過，在太平館附近房樓，也派有荷槍實彈的憲兵佈防，便衣偵緝多人也在街道上來回穿梭巡邏。政務會委員鄧澤如的汽車剛巧經過太平館前，被憲兵阻止通過，經表明身分及幾經解釋因公事行過，聲明陳總司令也知其事，始獲准放行。陳濟棠等人餐畢離開後，憲兵隊方才撤走。

鴻門宴

一九三六年中，粵軍第一軍軍長余漢謀通電蔣介石，擁護南京政府，粵空軍也集體駕飛機投向蔣介石，陳濟棠被迫下野出走香港，蔣介石委派余漢謀到粵收拾政局，安定人心。上午抵步後，余即到燕塘軍校向各將領了解市內最新情況，安排市內治安事宜。各軍要報告完畢後，余漢謀偕同錢大鈞、黃鎮球等將領到太平館午餐。蔣介石抵廣州後，各省軍政大員也紛紛奉蔣介石之命到廣州商討廣西及各方局勢，余漢謀先後在太平館設宴歡迎參謀總長程潛、福建省主席蔣鼎文、湖南省主席何鍵、江西省主席熊式輝等。

1936 年《民國日報》報道湖南省主席兼第一路軍總司令何鍵、江西省主席熊式輝到太平館午宴後赴黃埔謁見蔣介石

1936 年《民國日報》報道國府參謀總長程潛到廣州與蔣介石策劃收拾廣西局面，廣東領導人余漢謀在太平館設宴歡迎。

1936 年《民國日報》報道福建省綏靖主任蔣鼎文奉蔣介石命到廣州會面，余漢謀在太平館設宴歡迎蔣鼎文。

　　廣西桂系軍閥李宗仁及白崇禧繼續與蔣介石中央政府抗衡，雙方出動數十萬部隊對峙，內戰一觸即發。八月中，在桂系軍隊擔任高級參謀的劉斐，代表李、白到廣州與蔣介石談判。會談後，交通部次長俞飛鵬為表善意，請劉斐到太平沙太平館吃飯，「當我去時，蔣家來廣州的一班主戰派好漢們都已經在座。我記得陳誠（廣州行營主任）、衛立煌（中央執行委員）、錢大鈞（委員長侍從室）、熊式輝（江西省主席）等外，連何鍵（湖南省主席）也在座。」劉斐回憶，「從這些主戰分子的神情看，似乎以為我這時還想和，簡直是不識時務的夢想。他們用譏誚的眼光和幽默的口吻問我：『怎麼樣？你看不會打嗎？能和嗎？』」劉斐語帶不服地回應：「這要看你們呀！」然後反譏問陳誠：「幾時上前方？」陳誠強硬回應：「吃完飯，馬上就走！」雙方將領一番口舌較量，互挑戰機，氣氛劍拔弩張，飯局不歡而散。[7]幸後來經過多次談判，最後雙方達成和解方案，同意「舉國同仇，共禦外侮，一致抗日」。

1936 年《民國日報》有關蔣介石與李宗仁達成和平協議，李宗仁飛抵廣州到太平館聚餐及會見蔣介石報道。

蔣介石與李、白之爭最終以政治妥協而和平結束，避免了一場內戰。九月中，李宗仁與廣西省主席黃旭初親自從南寧飛到廣州，下午四時抵步後，李宗仁等人先到太平館聚餐，至五時多始抵住處「繼園」，本想立即往謁蔣介石，但為時已晚，蔣介石已前往黃埔接見訪穗的香港總督。第二天早上蔣介石親身到「繼園」訪晤李宗仁，二人決裂八年後再次握手言和，一笑泯恩仇。各大報紙標題用「杯酒釋兵權」、「闊別多年歡敘一旦」、「和平統一空氣籠罩五羊城」等形容此次會面。

「地下黨」

一九四六年初，抗戰勝利後不久，中共地下黨員張鐵生到廣州籌辦《自由論壇》期刊，並由同為中共地下黨員的國府廣州行營副官處科長左洪濤、國府第二方軍的軍法執行監督吳仲禧、秘書長麥朝樞、高級參謀長張勵以及左翼作家何家槐、民主聯盟的李章達、學者許崇清等擔任編輯工作，並由麥朝樞向國民黨廣州市黨部辦理登記。由於這刊物宣揚左派思想，不符國府政策，到了三月出版第二期，國民黨省、市黨部派人毆打擺賣刊物的報販，並由警察把《自由論壇》期刊全數沒收。事情發生後，張鐵生託吳、麥等五人聯名具帖約請國民黨廣東省黨部主任委員余俊賢、廣州市黨部委員高信、廣州市社會局局長李東星等國民黨右派中堅分子到財廳前太平館晚飯。[8]

在席間，李章達、許崇清等說明《自由論壇》言論正當，堅持沒有反政府的表現，強調已經在廣州市黨部正式登記，並無其他違禁之處，不應被禁止發行，請求繼續准予出版。余俊賢等人在飯局中對此要求默不作

聲，不置可否。散席後，余、高、李等到社會局密議，將太平館晚飯一事電告身在重慶的蔣介石。第二天，蔣介石要求中央黨部嚴懲李章達、許崇清，另電第二方面軍司令張發奎，令他將有共黨之嫌的左洪濤、何家槐二位扣解重慶訊辦，但張發奎不相信兩人是共產黨，因此並沒有立即執行蔣介石的命令，左洪濤、何家槐等人感到危險逼近，按周恩來指示安全撤退至香港，潛伏在張發奎身邊長達十年的左洪濤終全身而退，而廣州《自由論壇》等左派刊物亦宣告結束。

1936年《南強日報》有關總參謀長到粵協助蔣介石斡旋桂局及到太平館午宴的報道

1 李紹昌：《半生雜記》，青年協會書局，一九四一年。

2 孫逸仙：《國父全集》，近代中國出版社，一九八九年。

3 中國人民政治協商會議廣東省委員會、中山大學歷史系孫中山研究室：《孫中山史料專輯》，廣東人民出版社，一九七九年。

4 陳濟棠：《陳濟棠自傳稿》，傳記文學出版社，一九七四年。

5 廣東革命歷史博物館：《廣州起義》，中共黨史資料出版社，一九八八年。

6 《廣州事變與上海會議》，廣州平社，一九二八年。

7 《傳記文學》，第六十卷第六期，傳記文學雜誌社，一九九二年。

8 全國政協文史資料委員會：《文史資料存稿選編：軍政人物》，中國文史出版社，二〇〇二年。

那些年的情與怨

上世紀二十年代，太平沙太平館在廣州已是城中名店，非常受商人及軍政界人士歡迎，由於鄰近黃埔軍校，新中國開國總理周恩來時為黃埔軍校政治部主任，他亦常和一些同事到太平館聚會。[1]

總理的「婚宴」

當時年青一代亦開始接受西式餐飲慶典，當年《廣州年鑑》形容：「同時婚姻儀式改良，一般新青年之結婚者，以西餐館既可佈置禮堂行禮。又可設筵待客，手續既簡單，費用亦可減省，故亦多用西餐。」[2] 不少史料透露周恩來也選擇了在太平沙太平館「舉行婚宴」。[3]

一九二五年八月，時任黃埔軍校政治部主任的周恩來和鄧穎超在廣州重逢，據陪伴鄧穎超二十七年之久的秘書趙煒在她所著的書中，透露了當年的一些細節。鄧穎超在一九八七年一次閒談中告訴趙煒：「我和恩來去了一家有名的老店太平館吃烤乳鴿，這是恩來歡迎我到廣州工作，同時也是慶賀重逢和結婚。我們結婚沒有什麼儀式，也沒請客人，很簡單……黃埔軍校的許多同事知道周恩來結婚都讓他們請客，尤其是張治中（軍校軍官團團長）還非要見見新娘子。就這樣，有一天她和周恩來就請了兩桌客，鄧演達、何應欽、張治中等都來賀喜……」趙煒寫道：「提到那天請客的情形，鄧大姐特別興奮。」[4] 一九九六年，中央電視台攝製了歷史紀

1925 年新婚的周恩來與鄧穎超

周恩來與鄧穎超銀婚紀念特別戴
上花朵合照

實片《偉人周恩來》，在片中訪問了國務院參事余湛邦。余回憶說，張治
中曾告訴他：「周恩來結婚，當時沒舉行什麼儀式，但是他確實請過客，
請客那天我們很熱鬧。」[5]

　　一九六〇年，周恩來與張治中（時任全國人大副委員長）同座飛機赴
廣州，張與周閒談中提到，一九二五年周恩來新婚時曾請他與黃埔軍校的
一些朋友在太平館吃過一頓飯，張治中對周恩來笑說：「你們結婚三十五
年了，應該在太平館請我們吃飯紀念」，周恩來聽後會心微笑，事後周恩
來真的請張治中到太平館吃飯。[6]

　　曾擔任周恩來秘書的張穎，所著一書《周恩來與鄧穎超》寫道：「當
天晚上，由張申府（時任黃埔軍校政治部副主任）出面，周恩來在太平西
餐館二樓請大家吃飯，也算是舉行了簡單而熱鬧的儀式，來賓中有國民

黨人鄧演達、何應欽、錢大鈞，還有共產黨人陳廷年、李富春、蔡暢等人。」[7]

傳說的困擾

然而，周恩來婚宴歷史後來卻出現了令人意想不到的「狀況」，一九五〇年代，周恩來見到一位廣州領導，就問起還有沒有太平館，表示有機會就去看看。在一九五九年春，周恩來夫婦到了廣州，特別找來了廣東省委辦公廳副主任關相生等人，說打算次日邀請幾位省市領導人到太平館茶敘，交代一定要上燒乳鴿、蛋撻等，並指明要將座位擺成馬蹄形。第二天，省委書記陶鑄夫婦、省長陳郁、市長朱光等領導人準時到達太平館，周恩來坐下不久，便問：「這裏有老工友在嗎？」當一位名叫郭良的老員工回答：「我是」，周便與他握手說：「我不來太平館三十多年了。」郭良先後在廣州太平沙、財廳前及香港上環太平館工作。當時擔任常務副市長的歐初也在座，據他在著作中回憶，周恩來等大家坐好，站起來笑着說：「三十多年前，我和小超（鄧穎超）在廣州結婚，張申府先生在這家餐館宴請我們，今天按當年的樣子請大家來坐坐。」[8]總理語調輕鬆從容，但「宴請我們」那四字的用意與分量，在座的歐初與其他領導人都心神領會，「恍然大悟」。張申府是中國共產黨創始人之一，也是周恩來的入黨介紹人。

到了一九六〇年農曆除夕，歐初陪同在廣東從化溫泉休假的中央領導人吃年夜飯，席間，總理夫人鄧穎超對歐初說：「我要請你們幫恩來和我闢謠，有人傳說，恩來與我結婚時在廣州太平館設宴請客，根本沒這回

事。恩來一生勤儉，何況我們當時窮得很，哪來錢請客？」這次鄧穎超乾脆把話說白。據她解釋，他們新婚時到太平館用餐確有其事，但並非他們宴請賓客，而是張申府請周恩來、鄧穎超等人吃飯，祝賀他們新婚之喜。周恩來結婚請客一說，歐初也曾經信以為真，他在二十世紀五十年代曾兩次陪同澳洲共黨書記希爾到太平館吃西餐，還向希爾講起周恩來擺婚宴的故事。

特殊的感情

歐初回憶：「周恩來似乎對太平館有特殊感情，一九六三年，周在廣州中山紀念堂看完文藝節目後，特意與陶鑄、曾生（市長）、紅線女等一道前往太平館吃宵夜，令太平館員工再次喜出望外。」臨走時，總理特意自己付錢請太平館員工吃炒麵，在當年經濟困難時期，這是非常高的待遇。[9]因為當年周恩來夫婦曾在太平館吃飯的緣故，他在一九五九年及一九六三年兩次去太平館，都問起老員工情況，還特別叮囑太平館負責人要照顧老員工。歐初提到：「周恩來在太平館舉行婚禮的故事後來愈傳愈廣，鄧穎超一九八五年重來廣州，再次向關相生（廣東省委辦公廳副主任）提起此事。」

為什麼「太平館婚宴」一事令總理夫婦困擾及不安多年，而令他們需多次出來特意說明？因為二十世紀五十年代開始，人們紛傳周恩來在太平館新婚宴客，因賓客中有國共兩黨要人，他們有些人日後更成為國共內戰的對手，甚至還有人說時任黃埔軍校校長蔣介石聞訊亦欣然入座，言之鑿鑿，流傳甚久，因而困擾總理多年。在那個特殊政治年代，這「婚禮宴

客」傳說隨時都可以變成敏感政治事件，總理不安的箇中原因，不言而喻。「周恩來在太平館舉行婚宴」雖然眾說紛紜，說法不一，然而當年在場祝賀周恩來新婚的一眾嘉賓，卻見證了一段相濡以沫的愛情故事。

「奪夫宴」

一九三六年八月，蔣介石的軍機大臣、侍從室第二處主任陳布雷隨蔣赴廣州，侍從室主任錢大鈞做東，在太平沙太平館宴請他吃燒乳鴿。燒乳鴿的美味令陳布雷讚不絕口，給他留下深刻印象，但他一定不知道乳鴿宴中竟深藏着一個辛酸的愛情故事，而這個故事的主角就是他效忠的領袖蔣介石。[10]

太平館的燒乳鴿名聞遐邇，很多名人都喜歡太平館做到會服務。一九二六年五月，作為黃埔軍校校長蔣介石夫人的陳潔如，曾陪同蔣介石

時任黃埔軍校校長的蔣介石與
夫人陳潔如合照

1935 年《中華月報》刊登宋氏家族用西餐招待客人
情形，前為宋靄齡丈夫孔祥熙，後女士為宋美齡。

出席過一次宋藹齡家族舉行的乳鴿餐晚宴。宴會由大姐宋藹齡安排，宋氏家族喜用西餐招呼客人，女作家冰心曾在文章透露，宋美齡甚至親自下廚房煮咖啡。據陳潔如在其回憶錄中描述，蔣介石對她說：「孔夫人（宋藹齡）特別為你和我準備一席很別緻的乳鴿餐。」

當晚賓客包括廖仲愷夫人何香凝、名外交官及學者陳友人，晚宴上，宋藹齡刻意安排其妹宋美齡坐在蔣介石旁邊，西式晚宴的第三道菜就是一隻肉鴿，每人一盤，「金褐色乳鴿的胸肉爆裂出來，令人望而垂涎……我覺得這隻乳鴿真是美嫩可口，甚至骨頭都是酥的。」陳潔如形容。宋美齡在吃乳鴿時還興致勃勃地教大家：「吃乳鴿就像吃芒果，這兩樣東西都應該用手指頭撕著吃……」當陳潔如盡情享用色香味俱全的燒乳鴿時，她萬萬想不到，這乳鴿餐宴卻導致了她和蔣介石七年婚姻的終結。就在這次鴿子宴上，開始了蔣介石與宋美齡的政治戀愛，陳潔如痛心回憶道：「這個小晚宴只是一次普通聚會，我再也想不到，也不能相信，這竟會是謀奪我的蔣介石妻子地位的長期陰謀之開端。」、「想不到乳鴿餐竟是奪夫宴。」[11]

宋藹齡是介紹宋美齡和蔣介石結婚的媒人，是使宋家王朝掌權的設計者，蔣介石與宋美齡結成夫妻後，二人對太平館的燒乳鴿似乎念念不忘，一九三六年夫妻重訪廣州時，特意光臨太平館享用乳鴿，也是他們二人留穗期間唯一一次共同外出用餐，當年的「乳鴿餐」確為他們留下特殊意義。陳潔如被迫離開蔣介石後，從此孑然一身，閉門隱居，一九六一年得周恩來批准從上海移居香港，直至一九七一年孤獨去世。臨終前，她在給蔣介石的信中寫道：「三十多年來，我的委屈唯君知之，然而，為保持君等國家榮譽，我一直忍受着最大的自我犧牲……」詞語盡露心中忿懣。[12]

一個乳鴿餐晚宴，不但改變了一對
夫妻的命運，也改寫了中國近代史。

鮮 爲 人 知 的 「 國 母 」

1927 年蔣介石與宋美齡在上海結婚

在越南被視為國父的胡志明，
在世人眼中終身未娶，然而，
一九九○年在法國及一九九八年在
美國出版的兩本關於胡志明生平的
書籍揭開了一段鮮為人知的秘史。
一九二六年十月的一天，太平館張
燈結綵，賓客滿堂，一場婚宴在舉行。新郎是一位三十六歲的清秀男子，
新娘剛滿二十一歲，他們的證婚人是鄧穎超和蔡暢，蘇聯顧問鮑羅廷夫婦
也到場祝賀，鮑羅廷夫人更送了花籃。這位新郎就是日後成為北越領導人
的胡志明，而新娘是廣州人曾雪明。[13]

一九二四年，胡志明化名「李瑞」到廣州，由於胡粵語與俄語都相當
流利，他當時擔任蘇聯顧問鮑羅廷的翻譯。胡志明與曾雪明二人經由鄧穎
超和蔡暢介紹認識，彼此情投意合，定下終身。婚後第二年，國共兩黨分
裂，在嚴峻險惡形勢下，胡志明為了避免遭到國民黨政府的逮捕，被迫
隻身離開廣州，這對夫妻從此天各一方，在動盪的戰爭年代，彼此失去了
聯繫。直到一九五○年，曾雪明才得悉當時北越領導人就是自己的丈夫。
一九五八年，時任全國婦聯主席的蔡暢曾覆函廣東省委，證實曾雪明與胡
志明的婚姻關係，可惜事關敏感複雜外交關係而不能相認。胡志明直至

北越國家主席胡志明與鄧穎超合照，鄧
是當年胡志明結婚見證者之一。

新婚時的胡志明與曾雪明

一九六九年去世都終身沒有再娶，據二〇一一年廣州報紙報道，胡志明病
逝時，曾雪明請假三天回家，在房子裏掛了戴黑紗的胡志明像，並在臂上
纏黑紗為胡志明守喪。曾雪明孤獨一生，直至一九九一年以平民身分辭
世，太平館的婚宴就成為他們終身懷念與遺憾。

1 《財貿戰線紀念周總理文集》，中國財政經濟出版社，一九七九年。

2 陳頌石：《廣東商業年鑑》，廣州市商會，一九三一年。

3 蘇澤群、關振東編：《廣州的故事》，花城出版社，二〇〇九年。

4 趙煒：《西花廳歲月：我在周恩來鄧穎超身邊三十七年》，社會科學出版社，二〇〇九年。

5 宋家玲等編：《偉人周恩來——一個中國人的故事》，中共中央黨校出版社，一九九六年。

6 廖心文、李靜編：《周恩來的宰相情誼》，利文出版社，一九九三年。

7 張穎：《周恩來與鄧穎超》，東方出版社，二〇〇五年。

8 歐初：《依舊紅棉——我親見的名人與趣事》，天地圖書有限公司，二〇〇五年。

9 廣東省地方史志辦公室：《廣東市志》，一九九八年。

10 楊者聖：《國民黨軍機大臣陳布雷》，上海人民出版社，二〇一〇年。

11 陳潔如：《陳潔如回憶錄：蔣介石陳潔如的婚姻故事》，傳記文學出版社，二〇一一年。

12 吳昌華：《黃埔風雲》，中國文史出版社，二〇一五年。

13 《文史博覽》，中國人民政治協商會議湖南省委員會，第十一期，二〇〇九年。

傳媒春秋

元旦且本日報同人入薰合會影

民初年代，廣州財廳前太平館經常成為傳媒宴客聚會的地方，包括《公評報》聯歡會、覺悟通訊社十周年紀念宴同業、《建國報》文藝晚

1929年公評報社在財廳前太平館聚餐

會、市報業公會宴請京滬記者團等。當時社會紛擾，政局多變，政府機關及各式團體為了宣傳新政策或增加社會影響力，經常選擇在太平館招待新聞記者，從中可看到風雲莫測的民國時局。

擁蔣、反蔣

一九二九年，廣西桂系軍閥李宗仁、白崇禧欲派軍北上推倒蔣介石的中央政府，支持中央的粵軍總司令陳濟棠出兵廣西，阻止桂軍北上，粵

1929年《民國日報》報道聲討廣西李宗仁政府的「討逆宣委會」在太平館招待記者

桂兩軍在邊境一帶交戰。廣州的「討逆宣傳委員會」在財廳前太平館三樓「醉太平廳」召開記者午餐會，共有五十多名報刊記者參加。酒過三巡，委員會主席伍小石起立發言，宣布委員會成立理由「實因聲討桂系軍閥而起，緣桂系軍閥擾亂和平，破壞統一，甘作黨國之罪人，此次其在失敗之際，

不但不知悔悟，更變本加厲，為侵略我廣東之戎首……」、「希諸位盡量指示及一致通力合作，為討逆而宣傳，以促桂系早日消滅……」翌年，粵軍六十師討逆凱旋返省，特在太平館設午宴招待記者，報告討逆經過詳情。一九三〇年，省市黨部宣傳部以「叛逆崩潰，大局底定，極應聯絡輿論界，匡助政府，從事今後建設之宣傳」為名，在財廳前太平館以茶會招待全省新聞記者，是日到會者多達百餘人。在會上市宣傳部長陸幼剛希望報界「為黨國努力，向民眾作切實宣傳……今後我們應做成一致的輿論，使一般人民萬眾一心，做成群力，以收宣傳的效果」。

1930年《市政日報》關於省市宣傳部在太平館招待全省記者的報道

一九三一年五月，國民黨元老胡漢民與國民政府領導人蔣介石政見不同，被蔣軟禁，廣東陳濟棠、汪精衛等為支持胡而在廣州通電反蔣，並在廣州別立「廣州國民政府」，與南京政府分庭抗禮。陳濟棠為使各界明瞭此次反蔣意義，在太平沙太平館設午茶招待新聞界，各報記者共七十多人赴會。陳濟棠委派總政訓處主任區芳浦主持記者會致辭：「蔣中正幾年來包攬黨政，毀法亂紀，已經昭然若揭……陳總指揮決意擁護，一致誓死打倒蔣介石。」、「……今日在座諸

1931年《工商日報》報道廣東領導人陳濟棠在太平沙太平館設宴招待廣州記者

君，均為輿論界分子，負有領導群眾之重任……陳總指揮今日請諸位蒞臨，實希望指導一切，並願今後武力能與宣傳力合一，武力與宣傳力合一，則相信倒蔣實一易事……」最後由報社代表演說。為保記者會安全，報章形容「太平沙通津大巷口一帶，加派警長站立保護」。

從討逆到結盟

討蔣宣委會
今午招待記者
討論討蔣方針

省市黨部省市政府暨八路總部、省會同組織之討蔣宣傳委員會成立以來，對於討蔣宣傳工作積極進行，不遺餘力。該會現為統一民眾與論擴大討蔣宣傳起見，特訂於今日（四日）正午十二時假座財政廳前太平支店，備置茶點，招待各報館通訊社記者、討論切討蔣宣傳方針，藉收集思廣益之效。各報社及通訊社、請屆時派代表一人出席、共同討論云。

昨（三日）已分函本市

1931 年《民國日報》報道廣東討蔣宣委會在太平館召開記者會

廣東黨政軍合組的「討蔣宣傳委員會」在財廳前太平館支店招待新聞界，各報館記者數十人到場。該會除向記者再次申明不承認南京蔣介石政府，同時解釋當局新聞檢查是「防止報館或有誤登蔣方所造出之謠言，以免淆惑社會觀聽。」、「……為求社會公共秩序之安寧計，不能不限制個人自由也。現時檢查新聞，各報均一致待遇、無所私偏……既檢出之新聞勿再刊登，並望將被檢去之位置，另覓他稿補入，以免空白。」年底，中央黨部宣傳委員會在太平館招待新聞界，報告第四屆一中全會內容主要為「防範蔣介石下野後，復掌軍權。」希望傳媒盡力宣傳。同時陳濟棠與廣西李宗仁決定握手言和，共同一致反蔣，短短兩年，由兵戎相見到攜手合作，從聯蔣反李的「討逆宣委會」到聯李反蔣的「討蔣宣委會」，太平館親歷了當時波雲詭譎的政局。

1931年《國華報》報道中央黨部宣傳委員會在太平館招待廣州新聞界

一九三一年九月十八日，日本軍隊侵佔東北，史稱「九一八事變」。一九三二年，東北義勇軍代表阮明南下廣州，在財廳前太平館召開記者會，報告義勇軍抗日實情，「希望各界民眾，勿坐視因循，應當負起救亡的責任，對東北義勇軍切實接濟，救東北即所以救中國。」一九三三年初，已侵佔東北三省的日軍對鄰省熱河虎視眈眈，步步進逼。西南當局領導人李宗仁、陳濟棠在廣州再電南京政府，提出「熱河垂亡、平律危急、全國堪慮。」要求南京政府抗日。東北熱河國民抗日軍事委員長何民魂到了廣州，在太平館二樓設茶點招待新聞界，何對此次活動非常重視，親自提前一個多小時到餐廳會場佈置一切。在會上何民魂向記者報道組織抗日軍經過及最新情況，希望得各方支援，惜熱河一個多月後便陷入日軍之手。一九三三年，駐察哈爾省抗日救國同盟軍方振武部隊派代表在太平館招待全省記者，報告抗日經過，形容「日偽逆敵壓迫我救國軍旅，形勢嚴重」，請求廣東各界援助。

記者的窘境

一九三三年的廣東形勢複雜，陳濟棠政府既與蔣介石南京政府對抗，

又要應付共產黨紅軍，加上各方要求抗日的壓力，為了穩定社會，政府加緊控制傳媒，通知各社記者到財廳前太平館開談話會。會中由第一集團軍總政治處科長鄧長虹向記者解釋，當局派人到各報檢查報章理由是「防範各報有時誤將軍事消息登載，免被敵方知悉。」要求記者慎重發表軍事消息。礙於當局壓力，各記者都不敢異議，第二天各報章對此次會談都形容為「賓主盡歡而散」。香港報章則用打油詩為此新聞標題「雞髀打人牙骹軟，觥籌交錯懷懷滿，新聞記者須服從，明宵又到太平館」，諷刺粵政府打壓新聞自由。同年，廣東省教育廳改變中等學校會考制度，遭到學生反對，為了向外界明瞭其反對態度，學生團體在太平館召開記者會。教育當局探悉消息後，即電公安局派員前往制止。警察趕到餐館，以記者會未領有集會證為由，禁止記者會進行。當時學生正在向記者宣讀報告，目睹此情況異常狼狽，大家只得略用茶點即分頭而散。

1933 年《天光報》報道廣州警察趕到太平館中止學生記者會

翌日廣州各報對事件都懼於報道，香港報章在此新聞副標題寫上「新聞記者只得白走一遭，太平支館做少許多生意」。九月，自稱為東北民眾抗日聯軍指揮的吳中傑，在太平館設筵招待廣州記者七十餘人，報告抗日情況及籌備後方接濟。當市黨部查悉此事，察覺吳氏來歷未明，行為可疑，即通知警察局派武裝警員多名馳赴太平館，制止記者會。警員以未取得集會許可證為由，制止吳中傑發言，要求吳氏將記者會改為「歡宴」，

最終各人不歡而散。香港報章以「不許報告抗日救國」作新聞標題，旁用打油詩寫上「本來已到太平館，唐菜西餐盤又碗，如何警伯故刁難，只得搖頭把步轉」。

1933年《天光報》有關東北抗日聯軍記者會被政府中止的消息

「少說話多食嘢」

一九三四年，中山各界民眾請願代表團，為請政府撤換唐紹儀縣長，特於太平館「設豐盛西餐招待全市新聞界」，席間由代表團主席發言，謂「不達目的，誓不干休」，請「輿論界站在正義立場，說多幾句公道話」，並請記者致辭，唯各記者們都是憂患餘生，豈敢發言妄議當權者。香港報章形容「一眾記者仍在本少說話多食嘢之旨」，最後推得不好意思，率由某記者起立敷衍幾句了事。香港報章新聞副標題寫「燒乳鴿食過後代表慷慨陳詞，記者憂患餘生只得唯唯諾諾」。

1934年《天光報》報道中山縣各界反對縣長唐紹儀記者會在太平館舉行

一九三六年初，廣州學生組成救國聯合會，上南京請願，要求中央政府主動抗日，該會在赴京前在太平館舉行記者會，向記者介紹各項事宜。從南京回穗後，學

生救聯會再次在太平館會見記者，報告請願經過及將行政院書面答覆原文分發各記者。年中，陳濟棠被迫下野赴港，蔣介石委任余漢謀為廣東綏靖主任，收拾粵局。余派出秘書主任李煦寰在財廳前太平館三樓設西餐招待新聞界，事前總部秘書處、副官處派人佈置及招待一切。記者六十餘人出席，大家先行用餐，隨由李致辭，一方面謂「期望開放言論，願受三千萬粵人之督責。」但要求「言論界批評不可離開事實，不擾社會秩序。」三個月後，新聞檢查所主任黃錚在太平館招待新聞界，陳述該處檢查新聞意義及檢查範圍。

1936 年《工商日報》報道余漢謀主政廣東後在太平館招待新聞界

　　在民初的二、三十年，在太平館的各式記者會包括：省市黨部宴香港記者參觀團、省立黨部各委員在太平館晚宴請全市各報社新聞記者、旅越華僑縮食救國會記者會、歐亞航空滬粵試航記者會、東北抗日殺賊救國黨員宣傳團記者會、市女界聯合會招待中央特派員、市展覽籌備記者會、廣東婦女習藝會記者招待會、外交部長羅文幹特派員記者會、海員工會記者會、律師公會招待記者、廣東合作總社記者會、西德行招待報界等，可見太平館已成當時記者會的最佳場地。

市記者昨開談話會

決組救國宣傳團

廣州記者昨談話會情形

一務會議

設計會組織大綱

1937 年《國華報》有關市記者在太平館開談話會決組救國宣傳團消息

菲中外記者

招待本市新聞界

1938 年《國華報》報道菲律賓中外記者戰地訪問團在太平館招待廣州記者

國民救國會

1931 年《民國日報》有關國民救國會太平館記者招待會的消息

1931年廣州財廳前出現的反蔣標語，右方可見太平館支店招牌。

方振武代表
今日招待各界報告察局
正午十二時在太平支館

執行部電閣窗
鄉鄰有門猶
國家淪亡宗

1933年《中興報》報道駐察抗日代表在太平館招待記者及各團體

請飲

雞碎打人牙較軟
觥籌交錯杯杯滿
新聞記者須服從
明宵又到太平館

1933年《天光報》有關廣東政府在太平館開記者談話會要求記者慎發消息

文人印記

太平館菜式風味獨特，故吸引了不少文人學者在此進餐聚會，包括多名著名作家及畫家，更在作家日記或文學作品中出現「太平館」名字。

人文薈萃之地

一九二六年十二月，在廣州大學任教的著名小說家兼詩人郁達夫在日記裏寫下與日本聯合通訊社記者川上政義在太平館一同品嘗燒乳鴿一事。[1] 一九二七年五月，剛到中山大學任教的歷史學家顧頡剛到太平沙太平館，參加了圖書館學術研究會的筵宴並在席上發表了演說。在廣州任教的一年多時間裏，他先後五次與詩人黃晦聞、輔仁大學校長陳垣（字援庵）、黃埔軍校代理校長何遂（字叙父）等不同人物到太平沙及財廳前兩間太平館餐叙。[2] 一九二七年七月，被毛澤東評為「中國的聖人」中國文學巨匠魯迅，在前往知用中學演講前，與夫人許廣平在財廳前太平館享用午餐。[3] 國民革命軍總政治部在太平館設筵招待各藝術家，多名藝術界人士在席上高歌《昭君怨》、《西湖十景》等戲曲。

一九二九年，上海南國社田漢等上海藝術家即將返滬，中大時代藝術研究社，特假財廳前太平館開歡送大會，田漢是著名《義勇軍進行曲》的作詞人。時代社之請帖寫得極為新穎罕見，內容道：「生的門兒洞開，裏面張着歌筵，計用木馬破敵城，歌筵為你們，席設太平支館 敬請於本日

下午五時光臨，並請恕我們不能跳入『古潭』中，只求投入酒杯裏。」晚會共有五十餘人參加，田漢等人在晚宴前先作演説，在晚宴中，數藝術家合奏歌曲及唱崑劇，九時多才盡歡而散。

一九三〇年，嶺南畫派二位創始人高劍父、陳樹人與博物館館長丁衍庸、市美術校長司徒槐、畫家陳之佛、高奇峰等人，共同組織了「藝術協會」，高劍父任會長，並在財廳前太平館舉行了成立典禮，共有藝術家七十餘人加入。該會為廣州三十年代規模最大的一個綜合美術團體，常以美術學理、國畫革命理論在各報發表，新藝術運動極一時之盛，一直活動至抗日戰爭爆發而終止。[4]

一九三五年一月，思想家、學者胡適從香港到了廣州，準備到嶺南大學演講。惟他在香港演講時提倡西化，與當時主政粵省的陳濟棠所推行的舊學背道而馳，陳認為胡反對尊孔讀經，胡適在嶺南大學的演講被當局下令制止，胡見此只好決定匆匆離粵。離開前，一批北京大學學生特設宴於太平館，為胡適餞行。[5] 一九三七年五月，國畫大師徐悲鴻在廣州舉行畫展，廣州市社會局長劉志心在漢民路（原永漢路）財廳前太平館設宴招待徐氏，到會者有嶺南畫派名家趙少昂及三十多位畫家，首由趙少昂致歡迎詞，賓主席上甚洽，宴會歷時三小時才盡歡而散。

1937 年《民族日報》關於廣州眾藝術家在太平館宴請著名畫家徐悲鴻的報道

文化救國

隨着抗日戰爭戰火逼近，太平館也見證了大時代下文學工作者的不凡經歷。身在廣州的台灣作家王詩琅因有戰爭任務北上，相約台灣學者好友李獻璋在太平館敘別，此後兩好友因政局變化從此分隔兩岸，再沒機會相見。[6] 北方城市相繼淪於日軍之手，不少文化界人士為逃避日軍，紛紛南下廣州。廣東省黨政軍聯合宣傳部在太平館設茶會，招待京滬粵作家，討論如何展

1937 年《國華報》有關廣東政府設茶會招待京滬粵作家的消息

1938 年《中山日報》報道文藝界新年在太平館聚會討論文藝抗戰救亡方案

開救亡工作。一九三八年一月二日下午四時，廣州文藝界在永漢北路太平館舉行新年聚會，出席者包括詩人郭沫若及四十多位文人學者。首先大會主席林林請郭沫若在會上作出指示，祝秀俠、蒲風等作家相繼發言，談論如何以文化救國。眾人七時正式用餐，在席中，雷石榆、可非等人先後起立高唱《保衛華南》等救亡文藝歌曲，聽者振奮。最後大會提出改進抗戰文藝方案，議定了籌組廣東藝術工作者協會，晚會直至晚上九時始散。[7]

廣州政府年初也在太平館設上海文化界招待會，招待了郁風、尚仲衣、司馬文森等來自上海的作家。[8] 第四路軍政訓處在太平館設晚宴，招待廣東戲劇協會各作家，到會者包括作家茅盾、夏衍等人。軍政處代表致辭，希望加強抗戰情緒，戲劇隨軍向民眾宣傳。及後作家相繼闡述戲劇宣

傳意義，允竭力協助，晚會直至十時許始散。廣州文化界於太平館舉行廣州政治學會成立大會，到會者三十餘人通過章程及成立宣言，提案通電蔣介石及前線將士。

　　由於太平館在很多文人心中留下印象，不少文學作品曾出現有關太平館的情節。劇作家夏衍為了逃避日軍追捕而到了香港，在留港期間，他寫了長篇小說《春寒》，在書中多次出現女主角與太平館有

1938 年《中山日報》有關第四路軍政訓處在太平館晚宴廣東作家的消息

關的內容。作家薩空了一九四九年在香港所著的長篇小說《懦夫》一書中，描述主角與朋友到太平館吃燒乳鴿的故事。

「館外不太平」

　　一九四五年抗戰勝利，各文化界人士從大後方陸續回到廣州，廣州文化界及報社分別在太平館舉行座談會及文藝晚會，眾人戰後重逢，歡聚一堂。眾文化工作者認為淪陷期間敵偽毒害文化，必須加以掃除，從大後方回粵的趙如琳等十六位文人發起，在太平館舉行文化座談會，討論新文化之開展及組織廣州文會。《建國報》在太平館舉行文藝晚會，國學大師梁漱溟等二十多位作家參與，席

1945 年抗戰勝利，《建國報》在太平館舉行文藝晚會，該晚有國學大師梁漱溟及二十多位作家出席。

間對文化發展等問題作詳盡討論，晚會歷時四個多小時，當時為中共地下黨員的作家何家槐也在座。

一九四六年初，廣州文化界在財廳前太平館舉行了一個盛大的新春聯歡大會，公宴民主運動領袖李濟深及抗日名將蔡廷鍇，參加文化人士共有四十五位，其中有作家、詩人、畫家、劇作家、導演等，當時雜誌形容「是廣州光復後第一個最有意義的文化人的大集會」。李濟深在會上發言：「現在政治協商會議成功地結束了，民主自由的中國就要實現，那麼今後大家該可以自由說話了，望諸位繼續努力……」蔡廷鍇接着發言講述自己對政治看法，大家對他的演講報以熱烈掌聲，蔡廷鍇待掌聲過後，沉默了半晌，亮起聲說：「所謂言論是一套戰法，實際上半點自由都沒有，不過我想，在太平館裏自由地說幾句話，總是可以的。」、「人家對文化有兩種看法，一種是窮人，一種是搗亂分子，這兩種身分今天在座的朋友都有的。」大家發出啼笑皆非的笑聲。被譽為香港「電影之父」的黎民偉，也發言指出政府檢查制度的苛刻及政治上的黑暗，指出「劇本十個有八個通

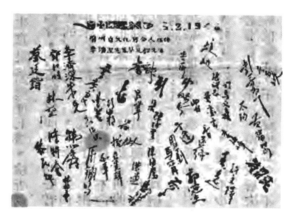

1946 年《文藝新聞》有關文化界在太平館公宴民主運動領袖李濟深及抗日英雄蔡廷鍇，各人簽名留念。

盛世太平

粵文化界慶祝政協成功電慰郭沫若等

　　【本市訊】廣州文化界人士，為慶祝政治協商會議成功，特於昨（二十二）假座太平支店舉行，計到郭冠杰、吳康等四十餘人，席間舉行立慶祝政協成功乾杯一盞，由郭冠杰主席，致開會詞，次由陳寫相繼演說，並由陳慰慈相繼演說，至最後並議決五大擁護政治民五大沙案。一、廣州文化界公讚清遠南部誠五大沙案；一、撮向直隸陳之切要，即慶祝起立慶祝政協成功。一致通過組織「廣州文化界促進人民自由保障委員會」，其籌備會。

1946 年《建國日報》報道粵文化界在太平館慶祝政協會議成功

不過」。作家周銅鳴最後說：「太平館外還是不太平……」這個充滿批評時政的宴會歷時兩小時才結束。一星期後，廣州文化界人士六十餘人再次在太平館舉行午宴，慶祝政治協商會議成功，同時控訴特務分子在重慶搞亂慶祝政協成功大會，毆傷郭沫若等七位文人，決定發電慰問郭沫若等人及籌組「廣州文化界促進人民自由保障委員會」。[9]

　　一九四七年，辛亥革命元老、嶺南畫派創始人之一的知名畫家陳樹人在穗舉行畫展，在粵的革命老人和僑團代表在太平館舉行公讌歡迎陳樹人。同年，交通部次長凌鴻勳到廣州觀察，著名圖書館學家杜定友與廣州交通大學同學會假太平館舉行歡迎會。[10]一九四九年六月，嶺南畫派創始人之一的高劍父與多名畫家赴太平館參加近代名書法家兼民國監察院長于右任的宴會。

革命僑團改期舉行歡迎陳樹人大會
陳委員吟興過發詩贈友人

　　【本市訊】本市革命同志及嶺僑團際，聯合擬假歡迎革命元老、嶺南畫派大師陳樹人。現定於本月十五日（星期三）下午四時（夏令時間），假座漢民北路太平館支店公讌歡迎陳委員樹人。昨原定本月八日舉行，因事改期。現定於本月十五日，同日下午七時，在漢民北路太平館支店舉行公讌，屆時參加者有革命同志及僑團，列班歡送嶺東僑胞。一切關於革命同志及僑團人數，列此送嶺東僑胞，以便準備一切。

1947 年《公評報》有關廣州團體在太平館公宴辛亥革命元老及嶺南畫派創始人陳樹人的報道

香江文人

　　章士釗是上世紀中國著名政治家及學者，其一生見證五朝風雲人物，袁世凱、孫中山、蔣介石、毛澤東等都曾與他交往共事。孫中山曾說：「革命得此人，萬山皆響」。一九五六年，章士釗受命毛澤東赴香港做統戰工作，章士釗此次南下之旅，遍訪故交，並詩興大發，詩稿百餘首，總稱《南遊吟草》。他有感一些詩詞內容不合內地時宜，所以交由香港友人資助輯印出版，由於為非賣品，印數極少。在這名為《章孤桐先生南遊吟草》詩集中，其中有一詩以太平館為題材：

〈饒彰風約在太平館食燒鴿〉

太平館子故依然，

燒鴿重嘗已卅年。

陡憶帝犯如烏過，

樓成雙照枉纏綿。

【憶在四十年前，與汪精衛同飲此館。精衛在東京病故，飛機運柩返國，故日帝犯。】

皮骨空來一館存，

佗城舊事苦難言。

鑾刀磨洗行看盡，

沒落當年縷切痕。

【彰風指示餐刀只剩半截，可能吾與精衛共餐即用此刀。】

著名學者章士釗所寫的詩作
〈饒彰風約在太平館食燒鴿〉

章士釗與友人饒彰風在太平館食燒鴿，憶起當年與汪精衛有廣州太平沙太平館食燒鴿情景，二十多年過去，事過境遷，時局更迭，章士釗懷念故人，感慨萬千。由於汪有「賣國」罵名，此詩文實在不合時宜。

一九九七年香港回歸中國，上世紀四十年代已多次光顧廣州太平館的著名嶺南畫派畫家黎雄才，特意為香港太平館題字「盛世太平」，贈予我留念。曾到過太平館的香港作家包括也斯、亦舒、小思、李碧華、李純恩、陳冠中、王迪詩等，被譽為「香港四大才子」的金庸、蔡瀾、倪匡、黃霑都曾在太平館留下了身影。著名填詞人、作家黃霑因常到油麻地太平館而與我相識，他與太平館的淵源可追溯至上世紀四十年代廣州，當年黃霑家在西關第十甫，他父親自幼便帶他到第十甫太平館吃西餐，雖然事隔多年，每當他向我提及當年事，仍十分興奮。二〇一二年，蔡瀾相約我與金庸、倪匡等在太平館飯聚，能與三位名作家相聚一堂，實在難能可貴。

百年來，多少文人雅士在粵港太平館留下足迹，正如作家李純恩形容：「在太平館吃飯，感覺就像上了歷史舞台，在這座台上來來去去，多少風流人物，見證了中國一百多年的轉變⋯⋯」[11]

1　郁達夫：《日記九種》，北新書局，一九三三年。

2　顧頡剛：《顧頡剛日記》，中華書局，二〇一一年。

3　魯迅：《魯迅全集》，人民文學出版社，二〇〇五年。

4　許志浩：《中國美術社團漫錄》，上海書畫出版社，一九九四年。

5　馬玉田、舒乙、中國人民政治協商會議全國委員會文史資料委員會：《文史資料存稿選編：教育》，中國文史出版社，二〇〇二年。

6　《台灣風物》，第三十五卷，台灣風物雜誌出版，一九八五年。

7　文天行編：《國統區抗戰文藝運動大事記》，四川省社會科學院出版社，一九八五年。

8　司馬文森：《尚仲衣教授》，文生出版社，一九四〇年。

9　《文藝新聞》，第二期，一九四六年。

10　王子舟：《杜定友和中國圖書館學》，北京圖書出版社，二〇〇二年。

11　李純恩：《李純恩吃在香港》，博益出版集團有限公司，二〇〇五年。

食家蔡瀾享用太平館著名甜品梳乎厘

著名才子黃霑與我在太平館細説往事

作家查良鏞與夫人（右二、三）、作家倪匡（右一）
與我在太平館合照

藝風書畫展

明日更換新作品展覽

昨晚在太平支店邀文藝界茶會

市立中山圖書館舉行之藝風畫全國藝術展覽會，開幕以來，觀衆甚衆擁擠，蓋北內容豐富，聚全國名畫家作品於一堂，為本市歷屆展覽會所罕見。徐悲鴻有畫三幅，已定去兩版，均定價圍整三百元者，奔馬一幅，題為「此去天涯將為憶」，傷心競爽亦徒然，一開幕後一小時即謝誠洲院長定去。棄雞一幅，即縱橫審先生定去。王腿，汪亞塵，孫福煕，許士騏，張書旂謂家作品，定去尤多。宋畫者多為本省之軍政要人，惜以畫件過多，不克盡數懸掛，故定於明日更換若干，未經藝觀者急宜往觀，已經參觀者，尤須再往。並由藝風社發起，於昨晚七時在太平支館舉行文藝茶話會，全市文藝界聚會一堂，至為暢快。（六月六日各報）

1936年《藝風月刊》刊登文藝界在
太平館舉行茶聚會

逸事遺聞

太平館走過的百年歲月裏，隱藏着許多不為人知的種種趣聞逸事。一九一七年，四名德國人圖謀在青島炸沉中國「永翔號」炮艦，事敗被當局押解至廣州海防司令部，後被看管在海軍訓練營特別室。當局為顧及德國人飲食習慣，期間特別為他們提供西式飲食，報紙形容當局對四位德國人「甚為優待，每日早晚二餐由太平沙太平館代辦，每名每餐須費一元。」當時下等飯店所賣的臘味飯只需四仙至八仙不等，太平館屬貴價食肆，一元更是售價最貴餐價。

「有眼不識泰山」的員工

民國年間，大批達官貴人經常進出太平館，雖然餐廳員工殷勤接待，但仍偶有魯莽冒失之事發生。一九三六年七月，南昌行營參謀長陳誠奉蔣介石之命赴粵設立「廣州行營」，並擔任廣州行營主任，為國府委員長蔣介石到粵整頓軍政做準備。據

◎廣東◎

▲優待謀炸青島兵艦之德人

潛謀炸沉青島兵艦之德人四名十七晚經解廣州交海防司令部轉發海軍練營即在該營內之特別室暫為看管甚為優待每日早晚二餐由太平沙太平館代辦每名該餐須費一元開偷另擇好點安置至該德日一名波余士加在四十以外係副輪機其燒火二人一名非備一名士壁又砲于一人名亞羅均不滿三十之少年該四德人在永翔艦時自述彼等如何先將船底整裂如何將各炸藥分置然後離船侃侃而談一若以此自表其愛國之血誠云

1917年《大公報》報道太平館負責被扣查德國人飲食

林蔚文抵南昌調蔣

陳誠已於昨日返抵廣州

上午十一時五十五分乘巨型機抵步

在太平支館午餐後赴黃埔廣州行營

1936年《南強日報》有關廣州行營參謀長陳誠抵粵與眾官員太平館午餐的報道

同行的秘書褚問鵑回憶：「陳辭公（陳誠別名）那天很高興，便偕同夫人和幕僚們，一起到太平館吃紅燒乳鴿。這是他們拿手名菜，而且是遠近聞名的。時間是下午一點，伙計們正在忙着，卻無人理睬我們這一批『貴客』。」見到此情況，隨行某副官大為不滿，他因不會說廣東話，就用國語打了伙計們幾句官腔，大聲說：「我們也是客人，你們為什麼不表示歡迎？」這伙計不太懂國語，認為這副官氣派太大，十分不高興，便用廣東話回報：「白鴿是有的，我唔（不）做你的生意，唔（不）賣你的帳。」陳誠一眾人吃不到燒乳鴿，卻吃了「閉門羹」。褚問鵑回憶道：「我們不能去和伙計爭吵，陳辭公只有付之一笑，再到別家去了。」[1] 餐廳伙計有眼不識泰山，沒有把這位蔣介石心腹看在眼裏，幸好後來這位官至民國副總統的客人有量度，沒有怪罪那位伙計，也沒有為難餐廳。

未完的午宴

一九三六年八月十一日，參謀總長程潛奉派到粵，他率領眾副手經香港坐火車上午抵達廣州，第四路軍總司令余漢謀、總指揮陳誠、錢大鈞、省主席黃慕松、市長曾養甫等大批軍政要員到車站歡迎。十二時余漢謀在財廳前太平館設午宴歡迎程潛一行人，作陪者包括陳誠、錢大鈞、黃慕松、曾養甫等二十多人。在赴太平館時得知國民政府委員兼教育部長陳立夫乘機即將到穗，遂派出參謀長李煦寰，赴天河機場

○乘劍○形情之站出迎歡(2)謀漢余，務軍贊襄粵抵中近(1)潛程

1936 年《北洋畫報》報道國府參謀總長程潛抵廣州

1936 年《越華報》報道蔣介石突然抵達廣州，
眾官員從太平館匆忙趕往迎接。

迎接。一時四十分，飛機降落，當李煦寰走前迎迓，驚見下機者並非陳立夫，乃是蔣介石幕僚陳布雷及朱培德，由於互不相識，皆感愕然。朱向李表示蔣介石專機三十分鐘後便會到達，要李速通知余漢謀。李煦寰聞訊大吃一驚，立即飛奔機場之電話亭，電告余漢謀。余此時在太平館進餐甫及第三個菜，尚未食即已接電話謂蔣介石之專機行將抵步。各人得知此消息，莫不手忙腳亂，錢大鈞立即電中央憲兵團，限十五分鐘佈防中山路及天河機場一帶，嚴密拱衛，不准車輛行人通過，因中山路是蔣介石去黃埔住處必經之路。隨後余漢謀立即電空軍軍樂隊，火速到機場歡迎。此時人人均以電話通知相關人士到迎，但太平館僅得一電話，時間緊逼，各人遂立即下樓，分乘汽車十餘輛，急速駛往機場，此時已二時〇五分，蔣介石之飛機已在機場上空，幸中央憲兵團已時刻準備，故電話一到，十五分鐘已將整條中山路佈防妥當，余漢謀等人也及時趕到機場恭候。事後，當天太平館內發生的混亂情況更被報紙透露出來。

一九三七年，廣州大本營法制委員會議上，副委員長黃季陸與委員

呂志伊因會議發言時間問題發生爭執，一番爭論，呂不耐煩地向黃說：「你，厚臉皮！」，對來自四川的黃季陸來說，「臉皮厚」三字是對人很不恭敬的話，黃動了氣，語帶諷刺回敬：「你的臉皮才厚得可怕，連機關槍都打不穿，只能打出無數的窩窩！」此話引起大家哄堂大笑，原來呂志伊是位滿面大麻的人，黃借機調侃呂的長相，後來的爭論更把主持會議的會議委員主席、國民黨元老戴季陶也捲入其中。一番爭論後，幸呂志伊有雅量，先向黃季陸說：「老弟！我認輸了，不該先罵你厚臉皮……為兄今天請客，請大家作陪表示我的歉意。」呂志伊這寬容的態度，使黃季陸歉疚萬分，後悔講了些冒失說話，也誠懇地向呂表示歉意。黃季陸回憶：「會議結束後，大家到著名的廣州永漢路太平館大吃一頓燒乳鴿，那天季陶先生和我都吃得一個大醉，我之大醉自然是在藉酒來掩蓋自己的歉疚。」呂志伊請食乳鴿宴，令幾位政客化戾氣為祥和。[2]

「南海十三郎」

「南海十三郎」是上世紀三、四十年代多才多藝的粵劇編劇大師，真名江譽鏐，是民國廣州名食家江孔殷（江太史）十三子，故藝名「南海十三郎」，他曾為粵劇泰斗薛覺先寫下不少劇本，名噪一時。抗戰勝利後從廣州乘火車回到香港，因故致神智失常（有說途中曾經在火車上墮下所致），曾被送入青山精神醫院，晚年四處流浪，灣仔一帶常見其身影，著名食譜作家江獻珠寫道：「路過梁秋祺生果店，會看見他正在吃橙，太平館門前，他在吃西餅。」[3] 專欄作家韋基舜向我親述了他與南海十三郎在太平館相遇之點滴。一身衣衫襤褸的南海十三郎身背一卷破蓆與包袱，鼻樑架着一副圓眼鏡，常在晚上七點後走入餐廳，由於滿身污穢，異味難

當，客人對他都避之則吉，餐廳伙計也不敢撞他。「南海十三郎」進入並不為了吃，而是向客人或餐館伙計索取香煙，他把香煙夾於耳後，四顧有沒有認識之人，趨前攀談。一般客人最忌諱「南海十三郎」站在自己桌邊，因他喜歡自己胡言亂語發表偉論，説得興起，手舞足蹈，居高臨下口水四濺，最慘是坐在卡座的客人避無可避，桌上食品都不敢吃。「南海十三郎」又喜好向餐廳客人出對聯，但詞語古怪，無人知曉其意，當然沒有人對上他的對聯，唯獨韋基舜好奇及賞識他的才華，時有主動與他戲言數語。如果「南海十三郎」見無人理睬，就會大罵幾句自行離去，眾人對這位「常客」也見慣不怪，一代奇才最終在精神病院終老，令人惋惜。

「南海十三郎」的傳奇人生後被搬上舞台劇及電影，電影版男主角謝君豪更勇奪金馬影帝，舞台劇更三度重演，飾演「南海十三郎」之父江孔殷（江太史）是名演員董驃，他也是太平館幾十年老顧客。

上世紀五、六十年代，時任東華體育會主席的韋基舜自稱「太平館台柱」。華人足球聯會副會長黃應求亦為常客，每次他一進入餐廳坐下，侍應馬上自動奉上他最喜愛之飲料「波七」，即波打酒溝七喜汽水。另無需吩咐，侍應便着廚師烹調一客黃應求每次必吃的生炒雞絲飯，因此這飯被人戲稱為「黃應求炒飯」。韋基舜與黃應求分屬友好，經常在太平館相聚，二人更因此與我叔祖父徐啟初相熟。一九五九年六月二十日，韋基舜如常抵太平館，據他回憶「我如常往太平館消遣，忽聞黃應求失蹤的消息，吃了一驚……馬上載了五、六個體育記者，開車往淺水灣石澳方面尋找他的蹤迹。」韋基舜對黃應求失蹤還半信半疑，他早一晚還與黃路上相遇，而太平館員工也見黃駛車到太平館接載體育記者離去。黃應求失蹤

後，報紙曾報道韋基舜與徐啟初等好友四出尋找黃之下落，最終警方破案後證實，黃應求半夜回家遭三名匪徒綁架，後更不幸遭綁匪撕票，成為香港史上著名「三狼案」。此案轟動一時，後更兩次被搬上銀幕，韋基舜更在《三狼奇案》一片中飾演探長角色。

館內傳奇事

上世紀六十年代初，富商霍英東的太太與一些商界朋友的太太組成了「太太團」，其中包括商人何鴻燊太太、葉北海太太等，太太們經常在葉家聚會打麻雀消遣。一九六一年某個晚上，霍英東如常到葉家接太太，抵達後，大家見面聊天，葉北海提議大家一起外出吃宵夜，於是霍英東、葉北海、何鴻燊和眾太太們一起到了太平館。在宵夜時，葉北海突然講起他準備和其他人一起參加競投澳門賭牌事情，提議霍英東也一起聯手下標投賭牌，擔保從中必得到好處。由於事出突然，霍英東對參與澳門賭業毫無心理準備，而且距離截標日期只有十天左右，對此心感不安，由於在太平館吃宵夜還有幾位太太們，霍英東不想在大家面前繼續討論此事，於是把何鴻燊拉到餐廳門口，向何表明他無意在澳門經營賭博生意，此事不宜再提。事後，霍英東感覺那天晚上到太平館吃宵夜提投賭牌一事，似乎是葉北海早有準備，目的是借機試探霍英東對投賭牌態度。[5] 後來情勢發展峰迴路轉，因情況改變，霍英東由最初不願意參與澳門賭業，到後來成為賭場股東，所有事情的發生都源於太平館一個宵夜，更從而引出了霍英東與何鴻燊到澳門展開賭業的一段傳奇經歷。

一九九三年初，油麻地太平館內坐滿客人，十時多，三男一女食客突

2012 年劉家良、翁靜晶與我在太平館合照

然躍然而起，分別拔出手槍，向餐廳食客高呼打劫，掠走在場近三十名顧
客身上財物，包括武打影星劉家良夫婦及粵劇界名人阮兆輝，餐廳幸保不
失。劫匪在逃走時在路上與接報趕往餐廳的警察和探員相遇，雙方發生槍
戰，有警員及探員中槍受傷，劫匪乘亂逃逸。兩個星期後警方拘捕劫匪，
起回被劫財物，案雖然破了，但仍留下不少疑團，為何這幾名身懷槍械的
悍匪會洗劫錢財不多的食客，坊間有多種不同傳說。事隔多年，在場的劉
家良太太翁靜晶道出了一個版本，[6] 當日這幫持槍客在餐廳用膳，袋中槍
械是為了日後行劫金行而備。在用餐過程中，他們與鄰座大漢因故發生言
語衝突，持槍客一怒之下拔槍指嚇，把那些大漢洗劫一空，更順道向其他
食客下手，由於事前毫無準備，劫匪唯有令食客交出手袋以作盛載所劫之
財物，也因事出突然，令劫匪留在刀叉水杯上的指紋成為警方破案關鍵，
想不到一宗轟動劫案竟源自口舌招尤。

　　一甲子過去了，韋基舜還不時向我講述太平館前塵往事，黃應求之子

黃興桂受父親薰陶，熱愛體育，先後擔任香港多間足球隊教練，並為多間電視台擔任足球評述員。黃興桂也是太平館常客，與我成為摯友，他時常在油麻地太平館與我細說他們家族與太平館的跨世紀情誼。

著名足球評述員黃興桂在電台節目與我細說太平館前塵舊事

資深體育界人士韋基舜與我在太平館合照

1　褚問鵑：《花落春猶在》，中外圖書出版社，一九八三年。

2　《傳記文學》，第七卷第一期，傳記文學雜誌社，一九六五年。

3　江獻珠：《南海十三郎》，萬里書店，二〇〇四年。

4　韋基舜：《吾土吾情》，成報出版社，二〇〇五年。

5　冷夏：《霍英東全傳》，中國戲劇出版社，二〇〇五年。

6　翁靜晶：《翁靜晶作品（8）——青爭三日集（散文）》，天地圖書，二〇〇五年。

1950 年代的灣仔太平館曾留下很多名人逸事

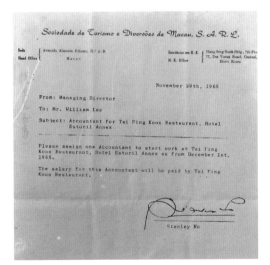

1965 年太平館在澳門新花園娛樂場開設分店，賭王何
鴻燊親筆簽署文件安排。

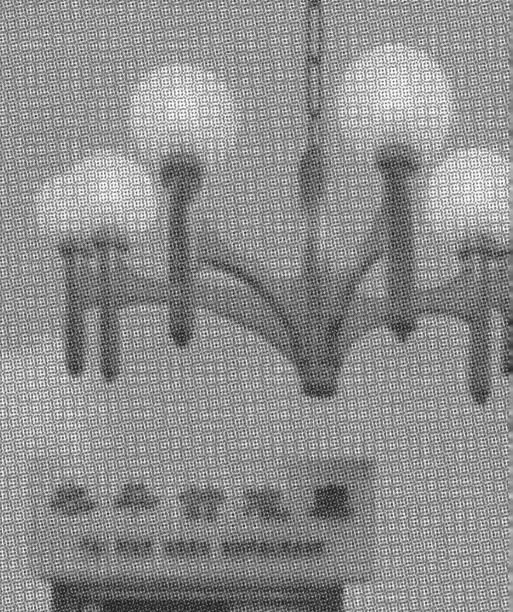

番菜史

鴉片戰爭前，清政府容許西方商人只可以在廣東通商，隨着西風東漸，西餐漸為中國人所認識，法國商人尼克在遊記裏描述了當時在廣州十三行吃到了西式晚宴的情景，做菜的廚師卻是地道廣東人，可見當時不少粵籍廚師已掌握西菜烹調技巧。[1]一九四〇年鴉片戰爭後，五口通商，外國洋行更見興盛，令更多廣東人有機會接觸西菜。

「番菜」與「大菜」

廣州及上海番菜館應運而生，廣東人慣稱西菜為「番菜」，而上海人則稱「大菜」，是廣州人還是上海人最早掌握西菜技巧？哪個城市最早出現華人開辦西菜館？一九二五年上海《晨報》副刊在〈洋菜烹飪談〉這樣寫：「吾國洋菜風行日久，各西菜館所用之廚子調味之配方不一，故南北各省洋菜各自成派別，廣東式為吾國洋菜之鼻祖。」一九四三年上海《華股研究周報》在〈海市述往錄——大菜〉中寫：「今日吃西菜固不如數十年前之炫奇，但較之家常便飯，仍不可同日而語。其實宴會餐敘，豪華新異，始自廣東，中國之初有『大菜』，似不自上海租界始也。廣東在鴉片戰爭前後，洋商蟻集，

牌號	地址
安樂園	十八甫
東亞酒店	長堤
太平館	太平沙

番餐館附表　專售西菜全餐散餐悉任客意價每客自六毫至一元榮自六色至十色不等茲將牌號地址附表如左。

1926 年《廣州便覽》介紹番菜館

172

海舶雲聚，繁堂甲全國，共時紳商酬應即以大菜為尚矣。」、「至於現在之所謂『大餐』，其名由廣東之洋行而起。」而昆明趙文恪公在其年譜中記道光四年（一八二四年）遊粵情形云：「是時粵省殷富甲天下，洋鹽巨商、及茶賈絲商，資本豐厚，外國通商十餘處，洋行十三家，夷樓海舶，雲集城外，山清波門至十八舖，街市繁榮，十倍蘇杭，終日宴集往來……商雲昆仲又偕予登夷館樓閣，設席大餐，酒地花天，洵南海一大

1925 年《晨報副刊》寫到廣東式洋菜為中國洋菜之鼻祖，上海之洋菜口味亦廣東化。

都會也。」、「據此則一百一十餘年前，廣州已有租界氣象，官場應酬已以大餐為時尚矣。」從這文章可知清末廣州繁榮景象及西餐已成官商飲食之時尚。

　　專欄作家沈宏非在上海長大，後在廣州工作生活，其著有多本飲食作品，對粵滬兩地飲食文化素有研究。他在〈中國人自己的西餐〉一文中寫道：「廣州大約在十九世紀六十年代就開始出現了被稱為『番菜館』的本土西餐，自十九世紀七十年代始，廣州的『番菜館』陸續北遷至上海和北京。集中在北京東交民巷、上海虹口和徐家匯的第一批『番菜館』，大部分都是廣東人開辦的。……太平館很可能是中國第一家不折不扣的『中國人自己的西餐館』」。[2]

　　文史學者兼專欄作家周松芳在〈民國西餐，廣州味道〉一文中寫道：「由徐老高的經歷，我們再談談西餐在廣州的流行，那可早到那去了……

雖然無法說清確切的時代，但至少早在上海開埠以前。」

上海的粵式「番菜」

近代著名史學家瞿兌之教授在《人物風俗制度叢談》說：「現在之所謂大餐，其名由廣東之洋行而起。」嘉慶中張問安《亥白詩草》中有詩云：「飽啖大餐齊脫帽，煙波回首十三行」，嘉慶中，上海不是還未開埠嗎？因此瞿教授判定：「據此則一百一十餘年前，廣州已有租界氣象，官場應酬已為大餐為時尚矣。」周松芳認為「廣州第一家西菜館太平館早在一八六〇年就開張了，那時上海才開埠未幾。」[3] 曾任廣州市副市長的歐初在有關太平館的文章寫道：「太平館開業於一八六〇年，據考證是第一家由中國人開的西餐館……。」[4] 廣州在鴉片戰爭前已對外通商，鴉片戰爭後，清政府根據《南京條約》規定，才由一城通商變成五城通商，其中廣州、福州是省城，廈門、寧波是府城，而上海則還是屬於松江府和蘇州府的小縣城。

清末上海開埠後，西餐文化漸從廣州轉移過來，出現了不少由華人開辦的「番菜館」，例如「一品香」、「海天春」等，當時這些餐館的廚師基本上都是廣東人，一位叫何蔭楠的人在一八八八年的《鈆月館日記》中寫道：「赴海天春吃大餐，粵人仿夷式而制此，亦當所未嘗。」一九二二年，作者嚴少洲在上海雜誌寫的〈滬上廣東館之比較〉一文中說：「江南春專售中菜式的番菜，又可以喚作廣東式的大菜。」[5] 二〇〇九年，由香港歷史博物館與上海歷史博物館聯合籌劃了「摩登都會：滬港社會風貌」展覽，為此而編製的刊物就寫到：「至於上海的第一家華人西菜館，則是

1940 年代在財廳前太平館用餐的客人

由廣東人於一八八〇代初在福州路開辦的『海天春』。」可想而知當年廣東人做的粵式「番菜」已成上海「番菜」代表。

　　廣東人傳統上慣把外國稱為「番」邦，洋人被稱「番鬼」，西餐被稱「番菜」，一九二〇年上海《晶報》有文章〈海上識小〉寫道：「廣東人華夷之辨甚嚴，舶來之品恆以番字冠之，番菜之名始此。」可見「番菜」之名始於廣東人，「番菜」文化源自廣東也是合乎情理。

中西合璧的粵式西餐

　　無論廣州或上海，這些番菜館，無論經營者、廚師同食客都主要是中國人，所以製作食單的口味需中國化，民初作家陳無我在一九二八年所著的《清末民初見聞錄》中，留有「番菜食單摘錄」、「番菜小志」二份菜單，對「番菜」內容均有詳盡記述。在食單中詳細地分為魚、牛肉、豬肉、雞、鴿、羊、鴨等，在湯一項中就有十多款不同口味，牛尾湯、魚湯、番茄湯、雞絨（蓉）湯等，這些湯仍可見於今天太平館的餐牌上。有

關魚的製作，多為油炸，如吉列魚、捲筒魚等，其中捲筒魚的製法現在坊間已不多見，唯太平館仍堅持保留此菜。

清末時，中西飲食文化無論在烹調、原料與習俗都截然不同，差異極大，西餐在採用牛、豬、雞等肉食外，也喜用禽鳥如白鴿、禾花雀、鷓鴣、斑雀、火雞等，水產則以鱠魚、石斑、蝦、蟹肉為主，而蔬菜則大量使用洋蔥、番茄、紅蘿蔔。而主要調味料有茄汁、噏汁、咖哩、胡椒等。一九四二年，上海雜誌在一篇對比廣州與上海飲食的文章中寫：「本地菜（上海菜）、揚州菜、寧波菜，香和味是有的，卻缺少了色！廣東菜哪裏來的色呢？是採取西餐中的配合方法，用種種植物，花瓣、果蔬、紅的紅、綠的綠，不但好吃，而且好看⋯⋯至於葡國雞、煙鱠魚、布甸，只可説是改良西餐。」可見粵人在烹調方面早受西方影響。[6] 綜合種種資料，廣州開放比上海早，因此廣州最早出現華人開辦的「番菜館」及廣東人將「番菜」引入上海亦合情理。

1964 年油麻地太平館

當年太平館創辦人徐老高為了調製適合中國人口味的「番菜」，創新地加上中國人的醬油去烹調西菜，令口味更中國化。香港著名文化人梁文道在其著作中寫道：「原址廣州的太平館，大家只知道在那裏吃的是『番菜』，當年有誰計較它到底是哪個『番』呢？雖然今天的香港人已經十分sophisticated，懂得在這張圖上的西餐部分勾勒出法國和意大利的區別，但是當年從太平館留下的番菜框框依舊存在。」[7]民國期間，太平館張炎、王澄二位廚師，跟隨徐家工作多年，都是當年馳騁省港的「番菜」名廚。上世紀二十年代，「番菜館」漸轉稱西菜館或西餐館，一九二七年開業的財廳前太平館在門前寫上「西菜」二字。太平館一些廚師，從廣州民國時代一直工作到殖民地香港，像一九二○年代已在廣州太平館工作的老師傅程國鈞，從廣州到香港，直到八十年代從太平館退休，在太平館工作超過半世紀。這些師傅所做的菜式，令這些古早「番味」能在香港太平館延續。

南下的俄式大餐

一九一七年俄國革命後，大批白俄人士南逃至上海，一些白俄人開設了俄國餐館，廚師除了俄國人，還有不少山東人，這些山東人早年曾在海參崴、哈爾濱等等城市俄人租界和俄人聚居地，學會了做俄式西餐。這些俄國餐館主要顧客都是俄國人，直至後來一些山東廚師自立門戶，以上海華人為顧客對象，於是上海漸漸形成了本土特色的俄國大菜飲食文化。一九四六年上海《海晶周報》一篇〈俄國大菜今昔談〉寫道：「那時的俄國菜館，上至老闆，下至僕歐，全是白俄貴族的後裔，我們中國人進去既不懂俄語，他們也不懂華語或英語，於是指手劃腳。」、「後至哈爾濱的山

東大菜司務愈來愈多，在霞飛路一帶競開俄國大菜館，最盛的時候有二十多家⋯⋯那時的俄國大菜館生意非常的好，一般講究經濟實惠的吃客，都趨之若鶩。」

早年上海人慣將西餐稱「大菜」或「大餐」，有所謂「坐汽車，吃大菜」，汽車是指私家車，形容一個人的享受十分好。將西餐稱為「大菜」，是崇尚西方飲食文化心態有關，因覺吃西餐排場大、隆重，在「大上海吃大餐」也能顯出上海人之海派文化。一九四八年出版的《南京新時代》半月刊，內有一文〈古之西餐〉寫道：「近年西風東漸，國人震於彼邦之物質文明，心焉嚮往，微如一飲一饌，莫不競相效尤，故大都市內西餐番菜館林立，國人亦每以啖此為榮。」來自上海的李純恩曾對我說，幼年如能跟家人上西餐館吃上一頓「大餐」，事前事後可興奮炫耀好幾天。隨着上海「俄式大菜」興起，粵人在上海的「粵式番菜」漸式微，於是廣州與上海自此形成了南北洋菜各自成派的局面，這種飲食文化一直伸延至戰後香港。

南北西餐的延續

上世紀四十年代後期，大量上海人遷移香港，同時也把他們的生活習慣帶入香港，於是供應「羅宋大菜」的滬式西餐廳紛紛出現，為人熟悉的包括車厘哥夫、雄雞、龍記、露西亞等。這些「羅宋大菜」餐廳主事者或廚師多是山東籍人，雄雞在報紙廣告特寫上「名廚哈爾濱王巧製俄國大餐」，大家稱這類餐廳為「俄式西餐」。而太平館、威靈頓、加拿大等本土餐廳則成為「港式西餐」代表者。

1946 年《星島日報》香港太平館
特別大餐廣告

1947 年《星島日報》特別大餐廣告，菜式都是粵式
西餐。

1976 年客人在尖沙嘴太平館用餐

　　一九四七年，太平館特別大餐售價六元，雄雞全餐售價三元半，可見
太平館在華人餐廳中屬於中上級別。一九四九年，香港《經濟導報》在介
紹香港西餐情況中，說首先分西人資本和華人資本兩部分，華資餐廳部
分，做普通西菜規模有代表性的就有太平館、安樂園、威靈頓等，專做俄
餐的有京滬、龍記、雄雞等。[8]

　　「豉油西餐」是粵化的西餐，雖然香港的「俄式西餐」不以豉油作為

主要調味料烹製菜式，但有些人誤會此等西餐亦屬「豉油西餐」，但實情是，源自上海的「俄式西餐」與香港「豉油西餐」完全來自不同城市及歷史背景下，而產生兩種截然不同的烹調方式與飲食文化。李純恩說：「『豉油西餐』是廣東人創出來的西餐……像『瑞士汁炒牛河』便肯定不會在羅宋大餐館裏看見。」

如今，經歷了百載時代變遷，代表兩地華人西餐飲食文化的「番菜史」，繼續在香港延續。

1945 年《廣東迅報》刊登的特別大餐。
內容包括多個帶有外國國家或城市名字
的菜式。

1 （法）老尼克：《開放的中華：一個番鬼在大清國》，山東畫報出版社，二〇〇四年。
2 沈宏非：《食相報告》，四川人民出版社，二〇〇三年。
3 周松芳：《民國味道》，南方日報出版社，二〇一二年。
4 歐初：《依舊紅棉——我親見的名人與趣事》，天地圖書有限公司，二〇〇五年。
5 《紅雜誌》，第四十一期，上海世界書局，一九二二年。
6 《大眾雜誌》，第一期，一九四二年。
7 梁文道：《味道》，廣西師範大學出版社，二〇一三年。
8 《經濟導報》，經濟年報，一九四九年。

2014 年有線電視節目主持名廚周中師傅（右）、劉明軒了解太平館豉油西餐的製作方式。

2011 年無線電視翡翠台節目主持陳智燊訪問我，了解港式西餐的歷史及特色。

歷史名菜葡國雞

鹹牛脷

從牛扒到瑞士雞翼

　　清末時代，西式飲食文化開始在中國大城市落地生根，太平館創辦人徐老高以中西合璧的「豉油牛扒」在廣州打響名堂，到了民國初年，太平館的「燒乳鴿」名聞粵港，而太平館創始的「瑞士雞翼」更成為近代香港代表性的菜餚，從這些菜的產生可折射出當時的社會縮影。

徐老高的特色「番菜」

　　中國多數朝代以農立國，而耕牛是農民重要生存資源，於是就形成很多國人不吃牛的習俗。一九〇六年《江西官報》〈食牛說〉一文「世言牛有功於農，資其力而食之不仁⋯⋯。」一九二六年《聶氏家言選刊》在〈論食牛〉一文中說到牛「以耕田養人，乃殺而食之，為殘忍不義也⋯⋯若西人不以牛耕者，或當別論耳。」從此文可知當時已有中國人分辨出中西飲食文化差異。

　　清末年代，牛肉並不常見於民間菜餚中，吃牛扒更是聞所未聞的事。當時太平館創辦人徐老高在美國人的洋行學懂了如何做西餐，牛扒是美國菜最常見的菜式，所以徐老高最先想到煎牛扒，他既要向大家強調吃「牛扒」就是吃番菜，但又要符合華人口味，他因而首創出全新的烹調方式——中西合璧，實行中料西烹，結合豉油等中式調味料及食材以西式烹調方式去製作牛扒，將西式牛扒料理本土化，很多人為一嘗「番菜」滋味

而第一次領略到牛的味道。

早年太平沙太平館已
常用西式罐頭食品材料來
烹煮西菜,當年《民國日
報》提到「西餐材料,多
用罐頭」,由於當時由外
國運到的罐頭食品十分矜

1940 年代在財廳前太平館支店用餐的客人

貴,只有高級餐廳才會使用,當時太平館所使用的白菌、番茄、粟米、青
豆等材料都是來自外國進口罐頭。一九四〇年代的香港太平館刻意把「金
寶」等外國牌子的食品罐頭陳列在門外櫥窗,以顯示用洋貨真材實料作
烹調食物以作招徠。一九二六年廣州《民國日報》〈食話〉一文中寫道:
「粟米為西餐中配菜之精品,與白菌同,太平館之粟米蟹,蟹肉多而粟米
滑。」文中也提到太平館之白菌會雞、蝦多士、班戟鴨等。

是番則名

一九一三年上海《自由雜誌》〈番菜館銘〉寫道:「菜不在佳,是番
則名。」由此可見中國人對西餐的看法,已由鄙視轉為崇拜,吃「番菜」
在那時成為時尚身分象徵,華人餐廳為突顯「番菜」風味,在菜式冠上外
國之名,帶點洋風就令食品顯得矜貴。二〇一〇年英國出版的《食物與
語言》(*Food and Language*)一書裏,美國烹飪學院華裔教授甄穎(Willa
Zhen)在她寫的文章〈另一個名稱的食物會一樣美味嗎?粵式西餐〉
(Would a Dish By Another Name Taste as Good? Western Dishes in Cantonese

Cooking），詳述了徐老高在廣州創造中式西餐及太平館的起源，論述了早期中國人把菜式加上西方名字，目的是令菜餚更加感性，希望食客不但嘴巴吃到、眼睛看到，還希望觀感上體驗到外國風情，作者還特別列出了太平館「瑞士雞翼」故事作為例證，認為加上「瑞士」名字令粵式「豉油雞翼」變得更具異國情調。

昔日太平館舊餐牌可見不少帶有外國名字的菜式，例如「英皇豬扒」、「拿破崙雞」、「巴黎焗魚」、「意大利牛柳」、「花旗雞」、「葡國雞」等。民國二、三十年代，太平館的「葡國雞」在廣州已很有名氣，但在其他城市對此菜仍感陌生，一九四六年上海《海燕周刊》〈嚼舌篇〉寫道：「問侍者有何名菜，答曰葡國雞與眾不同，點之，甫來一嘗之下，果異味也，復又進一、二人皆試口叫絕，今以此異味介紹各界，蓋其價並不貴，其物甚美也。」今天，葡國雞仍然是太平館招牌菜之一，食家唯靈形容「葡汁香濃雞肉鮮嫩滋味甚美」。

1945 年《公正報》廣告，特別大餐包括什港牛扒等傳統菜式。

1945 年《公正報》特別大餐廣告，瑞士雞、捲筒魚、燒豬肶都是傳統豉油西餐菜式。

民國初期，西式生活成為時尚新派象徵，太平館的燒乳鴿已獨步省城，雖然烹製方式與正統西餐截然不同，因伴乳鴿同吃的燒汁有西方香料成分，很多人因此稱之為「西汁乳鴿」，藉以強調乳鴿西菜的身分，吃乳鴿就是吃西菜。一九二六年，《民國日報》在專欄中寫道：「班雀與乳鴿，同是禽中之佳品，向者唯西菜館喜用之。」食燒乳鴿是每人一隻，適合西餐每人一份的飲食方式，當時民眾到太平館吃西汁乳鴿就是吃西菜，可以滿足到人們的崇洋風氣。

1960 年代太平館廚師在烹煮食物

美麗的誤會

太平館雖然以華人顧客為主，但仍偶有外國客人到來用餐。一九三四年，著名軍醫張建奉廣東領導人陳濟棠之命，籌辦廣東軍醫學校，由於建校急需德國在人才、器材、金錢各方面支持，於是張建邀請德國駐廣州總領事亞登堡博士在太平館吃飯，討論有關德國提供幫助事宜。[1] 上世紀四十年代，一位外國人到太平館用膳，品嘗過用甜豉油煮成的雞翼後，對侍應豎起拇指大讚「Good（好）！」，還連聲說「Sweet，Sweet（甜）！」

由於侍應不諳英文，只能略記外國人發音向懂英文的客人請教。由於華人英語水平及見識有限，誤將「Sweet（甜）」與「Swiss（瑞士）」讀音混淆，認為客人說那些豉油雞翼有瑞士風味。侍應向祖父徐漢初反映此事後，祖父與兄弟以

1997 年日本影星倉田保昭在日本放送協會（NHK）電視台節目《香港超快樂》中品嘗瑞士雞翼

為由雞骨、豉油、冰糖、西式香料調製而成之醬汁乃帶瑞士風味，皆認為難得太平館能做出帶有瑞士風味的菜式，而且帶有外國名字的菜式也特別吃香，所以乾脆把「豉油雞翼」改為「瑞士雞翼」，一代經典名菜由此誕生，後來更由瑞士雞翼衍生出瑞士雞髀 (腿)、瑞士乳鴿、瑞士鴿珍肝、瑞士豬扒、瑞士牛扒、瑞士汁牛河等一系列菜式。

太平館的瑞士汁是用雞骨、豉油、冰糖、月桂葉等西式香料經數小時熬製而成，有客人下單才把生雞翼浸在溫度適中的瑞士汁內浸熟而成，然後上桌。雞翼皮嫩肉鮮，醬汁鮮甜香濃，令人吮指留香。大廚每天把用剩的瑞士汁過濾後製成「汁膽」，第二天再混合新鮮做的瑞士汁，令每天的瑞士汁都能保持甘香醇厚。

領事館的發文

「瑞士雞翼」這一獨特菜式吸引不少傳媒報道，包括內地中央電視台

2018 年中央電視台介紹太平館瑞士雞翼的故事

新加坡電視節目主持謝韻儀向我了解瑞士雞翼的歷史

1999 年我接受美國有線電視（CNN）記者訪問，講述瑞士雞翼的典故。

因誤會而成的瑞士雞翼

以及新加坡、日本、美國等外國電視台。二〇一九年，瑞士駐香港領事館在其社交網站發文：「『瑞士雞翼』並非瑞士本國食品，與瑞士亦不存在任何特殊關係，雞翼在瑞士絕非常見的食材。我們猜測瑞士雞翼是香港人首創的食品。這誤會可能是由於『Sweet』同『Swiss』讀音相似，以致引起誤會。」貼文解釋：「因為近日收到香港市民及在港外籍人士查詢，發現香港多個食肆均有提供『瑞士雞翼』，就『瑞士雞翼』是否瑞士美食，瑞士駐香港領事館希望在此澄清。」領事館更稱：「我們亦對『瑞士雞翼』的取名持非常正面的態度，希望香港人能繼續將瑞士雞翼發揚光大，保持美味水準，製作讓各國的食物愛好者都認同的瑞士雞翼。我們亦希望有機會向瑞士市民介紹此香港特色小點，以作文化交流。」相信這是首次在香港，甚至中國有菜式需外國領事館出來澄清。

曾在香港四季酒店擔任糕餅主廚的瑞士人 Greg，因此也特意到太平館品嘗家鄉瑞士沒有的「瑞士雞翼」。一九九九年，美國有線電視（CNN）記者到太平館向我了解瑞士雞翼的典故，及拍攝了菜式製作過

程。一個美麗的誤會，令瑞士雞翼不但成為太平館半個世紀的傳奇名物，也成為其中一個最能代表香港人味道的菜式，聞名中外。

曾在香港四季酒店擔任糕餅主廚的瑞士人 Greg 特意到太平館品嘗瑞士雞翼

1 《傳記文學》，第三十七卷第六期，傳記文學出版社，一九八〇年。

藝人金剛、小儀在太平館拍攝電視節目中介紹瑞士雞翼的典故

2008 年上海電視台在上海拍攝太平館廚師烹製瑞士雞翼

太平館最歷史悠久的菜式——鐵板牛扒

花旗豬扒

燒鴿百年

　　民初廣州美食，馳名全國，故有「食在廣州」之名。而馳名食店總有一、兩款特別出色的餚饌來吸引食客，例如太平館燒乳鴿、萬棧燒鵝、新遠來魚羹等。早年曾有羊城竹枝詞形容廣州各名店美食，「羊城食客多挑口，專家巧製稱拿手。莫記乳豬佳，魚羹新遠來。燒鵝堆萬棧，乳鴿太平館。雞向市師求，嘗牛太白樓。」[1] 可見當時太平館之燒乳鴿在羊城食壇之地位。

成名於太平館

　　燒乳鴿現常見於粵菜中，但鮮有人知道令這道菜成名，卻是做西餐的太平館。一九二五年的廣州《民國日報》在飲食專欄中寫「肥軟之乳鴿，則宜燒烤，兼採西式，如太平館之燒乳鴿，是其最著者，鴿之骨極軟，肉極滑。」一九二六年，《民國日報》也在專欄中寫道：「班雀與乳鴿，同是禽中之佳品，向者唯西菜館喜用之。」、「太平館以燒白鴿著名，其白鴿之肥美，初非他家所可及。或謂太平館之白鴿，選購極精，而鴿販以生意多，亦樂就之，故鴿之肥美者以類聚。廚人燒烤之法，

食話（續） 樸

太平館以燒白鴿著名。其白鴿之肥美。初非他家所可及。或問太平館之白鴿，選購極精，而鴿販以生意多。亦樂就之。故鴿之肥美者以類聚。廚人燒烤之法。是或然歟。該館所製磁扒雞亦佳。亦極擅專長。不乃能從享時髦。是或然歟。該館宜過焦。關汁亦應注意也。

1926 年《民國日報》寫道太平館為燒乳鴿著名

馳名已久
（之）
太平館支店
（善製）
名廚依舊
禾花雀
燒乳鴿
光顧歡迎
（地址漢民北路）

1939 年廣州《廣東迅報》廣告

香港灣仔 太平館餐廳
重新裝修完竣今天開始營業
地址：香港灣仔菲林明道八號電話：H 724049 724050

—— 著·名 ——
燒肥乳鴿·葡國雞
畑鱠魚·焗蟹蓋

抵食乳鴿餐
照常供應

本餐廳裝修工程全部委託新藝裝飾家具公司陳輝文先生設計承辦

1968 年灣仔太平館裝修完畢復業，《星島晚報》的廣告特別寫上乳鴿餐照常供應。

名人之吃　　燕尾生

名伶馮子和愛吃汽水拌炒麵。袁家汪仲山的兒子愛吃豬耳朵。卓別鹽愛吃日本油餘蝦。于右任愛吃蘇州木瀆石家飯店鮑肺湯。蘇曼殊愛吃粽子糖。胡蝶喜吃龍虱。小六子爸爸喜吃叉燒包。蔣委員長喜食燒鴿，昔在黃埔時，輒赴太平沙之太平館大嚼。葉楚傖氏嗜吃花生米，尤喜飲酒。五年前曾與大英使藍浦森較酒量，結果葉以五十四杯醉倒，而藍則飲至十五杯亦昏然仆地。

1939 年《現世報》在〈名人之吃〉一文中提到蔣介石喜食太平館燒乳鴿

1976 年客人享受太平館名菜燒乳鴿

亦極擅專長，乃久享時譽。」《廣州史志》寫道：「民國時期，馳騁省港的太平館名廚張炎、王澄製作的燒乳鴿，原料來自中山石岐。每天餐廳通過專人精心飼養，等養至肥美之後再以優質材料秘製而成，令同業多年都難以媲美。」[2] 對中國飲食文化素有研究的著名飲食作家唐魯孫，認為這道廣東名菜最初是由廣州太平沙太平館研究出來。[3] 專欄作家沈宏非寫道：「現在最流行的燒乳鴿，卻是在上世紀初始作為『西餐』而出現於廣州人經營的西餐。」[4] 文史學者周松芳在其文中寫道：「紅燒乳鴿是粵菜中的名菜，不少酒店至今仍將其作為招牌菜侍客，但是，一般人不知道它悠久的歷史，也不知它源自西餐。在廣州，它成為招牌菜，始於第一家西餐館太平館。」[5]

　　民國時代的廣州，有些酒家以鴿入饌，例如著名文園酒家就以精作「珊瑚白鴿脯」為其招牌菜，被譽為粵菜第一書的清末菜譜《美味求真》，記錄了晚清廣東一百八十多種粵菜做法，包括多種乳鴿做法，但偏偏沒有紅燒乳鴿。一九二六年，廣州報紙在飲食專欄中評價各式乳鴿烹調做法，寫道：「西菜館之為燒白鴿尤可冠美一切……唐廚素擅燒烤，不審何以獨令西廚專美於前也。」

　　一九五六年，廣州政府的飲食公司主辦了廣州名菜美點展覽，各大著名粵菜酒家展出了各種拿手名菜，其中包括各種乳鴿菜餚，如廣州酒家江南香酥鴿、文信飯店瓦罉乳鴿、愉園飯店鮮茄唸汁焗乳鴿，但卻沒有燒乳鴿菜餚。[6] 同年廣州飲食公司出版的《廣州名菜烹調法》一書中，分為中菜與西菜，在西菜的名錄中，出現太平館燒乳鴿，更列出餐廳製作方法及主製廚師的名字。[7] 一九八〇年《食在廣州》一書中提到「紅燒乳鴿是太

1980 年太平館燒乳鴿餐枱卡

平館傳統著名西菜之一。」[8] 這些資料似可作一旁證，燒乳鴿在早年廣州一直被認作是太平館製作的西式名菜，也引證太平館是紅燒乳鴿的始創者。

養鴿技巧

太平館早年到香港發展後，燒乳鴿這道招牌傳統美食得以保存，由於餐廳養鴿需空氣流通，鴿籠一般置於天井，所以早年香港太平館店舖的選址必須設有天井，以便飼養乳鴿，餐廳待有客人點食乳鴿，才即劏即燒。餐廳所選的乳鴿一般為十一両重左右，出生約三星期的頂鴿，貪其肉多味濃，由於買回來的幼鴿尚不懂自行覓食，每天由專職員工負責餵食。專欄作家韋基舜曾向我親述他在太平館目睹的餵食過程：「伙計阿初（一位在太平館工作五十多年的員工）負責餵食，用口咬碎綠豆後，有如母鴿一般，嘴對嘴餵給乳鴿。」方法是先把綠豆放入自己口中，再含一口水，然後用力掰開乳鴿嘴巴，用口對準鴿嘴盡力一吹，把口中所含豆和水全灌入

鴿內,可謂神乎其技。要是經驗不足者,水是灌進鴿內,但綠豆卻留在自己口中,唯有再含水試之,甚至因此把鴿子脹死之事偶有發生。從廣州到香港,太平館在餐館飼養生鴿方式一直沿用至上世紀七十年代,因香港政府禁止食肆飼養生禽而結束,此後採用本地供應之鮮鴿,每天早上送至餐廳待用。

太平館的紅燒乳鴿除了選料嚴謹外,堅持傳統製法,烹調方法方式也有別於一般粵菜館。坊間中式餐館一般做法為先把乳鴿放入滷水內浸煮到入味,取出塗上糖、醋吊乾,待有客人下單再拿出下油炸香表皮,此方法製作的燒鴿都帶有濃郁滷水香味。而太平館傳統烹調方式則待客人下單,才把重約十二兩左右的乳鴿塗上自家調製醬油調味料,再放油鑊內慢火炸透至熟。此方法好處是鴿身肉汁得以保存,但製作時要靠經驗準確控制鴿身的生熟程度。搭配乳鴿是一勺濃郁「燒汁」,此汁由豬骨、洋蔥、西芹、月桂葉、胡椒、豉油等材料熬製而成,乳鴿蘸燒汁同吃,是太平館獨特傳統吃法,因燒汁混有西式香料,民初時期,太平館乳鴿被很多人稱為「西汁乳鴿」。

太平館歷史名菜燒乳鴿

懂得吃燒乳鴿的老饕會吩咐侍者不必把乳鴿斬開上桌,確保鴿內肉汁不會流失。太平館的獨特烹調方式已沿用上百年,用此生炸方式,更能顯出乳鴿肉質鮮味,製作頗費時,加上生炸方式所需的鮮乳鴿成本不菲,所以現今甚少食肆採用此方式烹製。

1977 年《新風趣雜誌》訪問在太平館工作超過半個世紀的老師傅

念念不忘的味道

最早有關太平館燒乳鴿的記載可追溯到一九二一年,美國著名教育家、哥倫比亞大學杜威博士到廣州講學,並由他的學生,後成為著名學者的胡適擔任講學翻譯。杜威在粵期間曾到太平館享用燒乳鴿,對此佳餚讚不絕口,更於其日記中把此美食譽為全球第一。[9] 民初名食家譚祖庵曾對

友人梁均默說，他對廣州最留戀的，第一就是太平館的油淋乳鴿，他一人最多曾吃過八隻。

民國立法院代院長邵元沖，任黃埔軍校代理政治部主任期間，他與夫人及政府官員經常到太平館品嘗乳鴿，讚譽餐館「蓋以燒乳鴿著稱者也。」謂其味道「華頗甘之，謂在粵中可紀之一也。」[11]一九三一年，時為中山大學教授的范錡回憶：「汪精衛（時任國民黨中央執行委員）邀請我到太平館食燒乳鴿，這是廣州市最有名的，食鴿時，我沒有用手，他笑對我說：『食白鴿不用手，是外行！』」[12]

一九三六年八月，陸軍中將萬耀煌與大批軍隊將領到廣州向蔣介石匯報軍情，停粵期間，萬與少將甘麗初、李黔庵及隴海鐵路局長錢慕霖等人共赴太平館，據他回憶：「吃太平館肥白鴿，每隻一元二角，錢慕霖吃全鴿三隻，我同甘麗初、李黔庵吃兩隻。」、「九月二日，我與衛俊如（陸軍上將）、蔣銘三（上將）、胡宗南（上將）在太平館食白肥鴿，我吃了三個半。」、「三日午，陳慶雲司令約我與衛俊如、胡宗南，及空軍張廷孟、劉德芳（少將）吃太平館。」眾將領在廣州停留短時間就多次品嘗乳鴿，可見此美食對他們的吸引程度。[13]蔣介石喜食太平館燒鴿廣為人知，一九三九年，上海《現世報》周刊在〈名人之吃〉一文中，寫「蔣委員長喜食燒鴿，昔在黃埔時，輒赴太平沙太平館大嚼。」抗戰期間，中國遠征軍抗日老兵梁振奮回憶駐紮印度時，他們幾個來自廣東的軍人最想念的廣州美食，就包括太平館的燒乳鴿，身在戰場前線仍不忘這美食，可見乳鴿的吸引力。[18]

太平館到香港大半個世紀，燒乳鴿仍是招牌菜之一，盡受眾名人喜

愛，已故食家龍國雲（筆名陳非）在文章中亦提到太平館以燒乳鴿馳名，食家蔡瀾說：「一提到太平館，大家就想起燒乳鴿。」作家韋基舜在其作品中寫道：「太平館燒乳鴿若非美味可口，選料上乘，亦不會馳名港九。」食家唯靈曾寫道「太平館享譽省港逾百年，燒乳鴿、煙鯧魚、瑞士雞翼是招牌菜，有不少擁躉。」名廚楊貫一曾説過：「我本身也從事飲食業，明白製作燒乳鴿這類食品的難處，燒製的時間及火候也要拿捏得恰到好處，如果是即叫即做更考功夫。太平館燒乳鴿出色之處是即叫即炸，吃的是食材原有的鮮味，不是靠滷水汁入味，太平館能做到內外兼備。」

一道名菜，傳承百年，香港太平館燒乳鴿的古法烹調方式，依然故我，背後是無數的傳奇與堅持。

1 廣東文獻編輯委員會：《廣東文獻》季刊，第十卷，廣東同鄉會，一九八〇年。

2 陳基、葉欽、王文全編著：《食在廣州史話》，廣東人民出版社，一九九〇年。

3 唐魯孫：《唐魯孫談吃》，大地出版社，一九九八年。

4 沈宏非：《食相報告》，四川人民出版社，二〇〇三年。

5 周松芳：《民國味道》，南方日報出版社，二〇一二年。

6 黃輝：《越秀區飲食行業誌》，越秀區飲食公司，一九九一年。

7 廣州市飲食公司編：《廣州名菜烹調法》，廣東人民出版社，一九五七年。

8 鍾徵祥：《食在廣州》，廣東人民出版社，一九八〇年。

9 王文蔚：《細說中國吃法》，聯亞出版社，一九七八年。

10 王仰清等整理：《邵元沖日記》，上海人民出版社，一九九〇年。

11 范錡：《人生歷程》，華聯書局，一九六四年。

12《湖北文獻》，第二十六期、二十七期，湖北文獻社，一九七三年。

13 袁梅芳：《中國遠征軍 II》，紅出版（青森文化），二〇一七年。

2007 年台灣傳媒拍攝太平館廚師烹製燒乳鴿過程

2007 年我接受中央電視台訪問，講述太平館歷史
名菜的故事。

2016 年美食家蔡瀾在「一直播」
上直播在太平館吃乳鴿

豉油西餐

中國人做西餐的歷史，源自百多年前廣州太平館的「中式西餐」，發展到後來，成為香港的「豉油西餐」，它的形成有它特殊歷史背景和飲食特性。

港人港味

香港早期的西餐廳，都是以歐美人士為顧客對象的高級餐廳，講究用餐禮儀，價格昂貴，在一般市民眼中都是高不可攀的地方。直至上世紀二、三十年代，出現了一些由中國人經營的西餐廳，這些餐廳收費相對平民化，用餐氣氛輕鬆，深受香港華人歡迎，這就是港式西餐文化的起源。回看一九四五年廣州太平館特別大餐內容，用西式火腿加中式燕窩煮湯，既有西式紅酒燴鴨，又有中式生炒雞絲飯，一個套餐盡顯中西合璧的「中式西餐」烹調特色。太平館自上世紀三十年代落戶香港，一方面繼承廣州

1940 年代在廣州太平館支店用餐的客人

1943 年在《廣東迅報》刊登的元旦大餐

1947 年太平館在香港《星島日報》刊登的廣告

傳統「中式西餐」風味，再充分利用香港人的飲食喜好，漸漸發展出被香港人形容為「港式西餐」的特色飲食料理。

　　因為太平館很多菜式除了用一般西餐的茄汁、喼汁、芥末、胡椒等調味料，還用上中式豉油調製，到了上世紀九十年代，大家開始將這充滿香港特色的料理稱為「豉油西餐」。

港式西餐風景

　　香港獨特的「豉油西餐」吸引了不少外國人的注意，美國烹飪學院華裔教授甄穎（Willa Zhen）在她寫的文章裏討論到「中式西餐」與「豉油西餐」（Chinese-style Western cuisine and Soy sauce Western cuisine），名字意義上就代表中西合璧的烹調方式，認為「豉油西餐」這名字最能反映當時這種奇異的烹調風格。作者在文中講到太平館的歷史而帶出「豉油西餐」的由來，認為「瑞士汁」的芳香是經一個多世紀的精華積累而成，令人不

可抗拒，對比廣州及香港，作者認為雖然「中式西餐」早期源自廣州，但當地卻沒有將此特色烹調獨立分類，所以多不為當地人所熟悉。反觀香港，這類中國式西餐流入本地後，以自己特有的方式發展，結果大受歡迎，「豉油西餐」更成為香港特色飲食的一道風景。[1]

到西餐廳用餐，客人就座後，侍應會先遞上一杯冷清水，但太平館為適應中國人的習慣，改為熱紅茶，這百年傳統一直流傳至今，也是「豉油西餐」的特徵。太平館以古舊的方式去演繹西方烹調，配合中式材料，形成了獨特風味，更成為今天香港最具本土代表性的飲食文化之一。

1976 年客人在尖沙嘴太平館用餐

馳名中外

太平館的特色「豉油西餐」吸引一些外籍名廚或名人到餐廳「嘗新」，在香港五星酒店擔任行政總廚的范秉達（Peter Find）非常欣賞太平館的「豉油西餐」，認為是港式西餐經典代表，到太平館有回到過去的感覺，瑞士雞翼、燒豬髀、梳乎厘都是他喜愛的食物。美國名廚克里斯．

燒豬肚是太平館另一招牌豉油西餐菜式

加拿大名廚及節目主持人克莉絲汀
庫欣了解太平館梳乎厘製作過程

柯森提諾（Chris Cosentino）在香港美食遊的文章中也提及太平館瑞士
汁及瑞士雞翼，加拿大名廚及電視節目主持人克莉絲汀庫欣（Christine
Cushing）特別到太平館拍攝瑞士雞翼等菜式製作過程，更親手試做梳乎
厘，她品嘗出品後對我說：「你的高祖父創作出在本質上是全新的料理，
在食物製作中加入中國風格的西餐，令人讚嘆。」

瑞士汁牛河

　　因誤會而來的瑞士雞翼如今已經成為本地「豉油西餐」最具代表性菜
式，其後更衍生出瑞士汁炒牛河。太平館的炒河粉也是遠近馳名，炒河粉
分為乾炒牛肉河及瑞士汁牛肉河，食家蔡瀾喜食乾炒牛河，形容「太平館
牛河非常精彩，吃過讓人念念不忘，回味無窮。」[2] 而瑞士汁牛肉河為太
平館在上世紀六十年代首創，成為香港特色菜餚，廣受食客歡迎。鮮嫩的
牛肉配上鹹中帶甜的瑞士汁來炒河粉，風味獨特，作家李純恩形容瑞士汁

太平館首創的瑞士汁牛肉炒河粉

食家蔡瀾向內地記者推薦太平館的炒牛河

牛河「那是一種非常豐腴的口感，隆重華麗，鮮甜富足。一百多年中國人的生活和口味都有巨大的變化，偏偏這一口濃汁，代代喜歡。」作家歐陽應霽稱「太平館的瑞士汁炒牛河又是『牛壇』另一經典」。[3]

　　瑞士汁牛肉炒河還帶出另類食法，上世紀七十年代，有些客人要求將瑞士汁牛肉炒河粉「兜亂」做法，意思把牛肉、瑞士汁與河粉混炒上碟，話說導演張堅庭早年到太平館吃瑞士汁牛肉炒河粉，他要求河粉「兜亂」，但侍應當時對此要求還有點模模糊糊，後來此做法傳了出去，漸多客人要求「瑞士汁牛河兜亂」。導演谷德昭曾在飲食文章寫道「感謝太平

館，瑞汁牛河兜亂永遠一樣咁好味。」⁴ 歌手陳奕迅在太平館留言簿上寫上「始終我最喜愛瑞汁牛河兜亂，正！」瑞士汁牛河聞名香江，不少外國傳媒都報道這個帶有外國名字的奇特河粉，西餐廳供應中式炒河粉，盡顯太平館「豉油西餐」的特色。至於乾炒牛肉河粉那是另一招牌菜式，用上多款豉油去炮製，河粉色澤深厚，牛肉味道濃郁。

世 上 獨 有 的 甜 品

太平館獨創之甜品巨型梳乎厘 —— 不存在於正統西餐裏，沒有用上正宗梳乎厘所需的麵粉、奶油，且刻意做出這人頭般大的甜品，正反映出早年

太平館獨特的甜品梳乎厘

廚師在詮釋演繹西方甜點時，特意將之本土化，以迎合中國人口味及喜歡分享的飲食文化。

太平館特色梳乎厘的秘訣就是廚師以獨門手打蛋白功夫，即點即做，所以需時三十分鐘才可製成。這個獨此一家的梳乎厘，上桌時引人注目，入口輕軟香滑，若有若無，充滿蛋香，且要爭取在塌下去前盡快吃掉。來自法國的傳統甜品卻在中式西餐聲名大噪，也是昔日太平館廚師將西式甜品中式化的代表作。

焗蟹蓋是太平館另一傳統菜式，一九七八年飲食天地雜誌在〈談焗蟹

太平館傳統菜式焗蟹蓋

蓋〉一文中寫道:「焗蟹蓋最先是見之西餐的,粵菜善能吸收,結果就粵菜也有焗蟹蓋了,以焗蟹蓋聞名的餐館,目前還是首推太平館……。」美食家江獻珠在其食譜作品中提到「太平館的焗蟹蓋已馳名了好幾十年。」[5]作家韋基舜在作品中寫道「至於焗蟹蓋,此為太平館始創……其後,不少食肆爭相仿效出品。」

　　米芝蓮指南寫道:「著名的太平館『瑞士雞翼』配有『甜醬油』,來自三十年代翻譯的一個小偏差」,太平館的「豉油西餐」自成一格,有時難以歸類,米芝蓮在菜式分類將太平館歸入中式及西式,著名法國時尚品牌《路易威登》(LV)雜誌寫道:「太平館的『豉油西餐』就是多款菜式用豉油去烹調,使西餐本地化。」世界最大旅遊指南《孤獨星球》(Lonely Planet)曾有一篇專文介紹何謂「豉油西餐」,「設想一下同時吃着肉醬意粉、吉列豬扒、豉油雞翼,太平館就是最好例子。它選用中式食材製作西式食物,滿足中國食客對西方食物的探索和好奇,影響深遠。太平館提供難以置信的中西合璧風味,在早期融合菜中成為香港人所稱的『豉油西餐』。」

在太平館內是意粉遇河粉，刀叉拼筷子，正如豉油與西餐，本是兩者風牛馬不相干，卻在太平館創辦人徐老高及後人的中西合璧烹調方式下，創造出舉世無雙的「豉油西餐」獨特菜系。用中式豉油混西式茄汁烹調各式食物，為配合廣東人喜歡吃飯習慣，將西餐的肉醬意粉、吉列豬扒變更出免治牛肉飯、焗豬扒飯，盡顯太平館「豉油西餐」的廚藝智慧。

太平館廚師試吃由藝人金剛及小儀烹製的瑞士汁牛肉炒河粉

Fusion 菜始祖

「豉油西餐」是從粵港二地特殊歷史背景下，產生的中西飲食文化交匯與碰撞，過程充滿誤解、驚喜與傳奇。雖然「豉油西餐」製作並不華麗，但其中卻包含了深厚的文化底蘊，映射出太平館創始人徐老高當年的「番菜」影子，現在已成為香港獨有的飲食風景，[5]也成為幾代香港人的集體回憶，正如蔡瀾所說：「陪伴着很多香港人長大的，就是太平館了。」

太平館創造的中西合璧「豉油西餐」，既有西式煎牛扒又有中式炒河粉，煎、炸、焗、炒、燴的烹調多樣化，成了港式茶餐廳的靈感源頭，帶

出了另類的中國飲食文化，而太平館所創的瑞士汁更被食家唯靈視為「豉油西餐」代表作。導演張堅庭説：「我光顧這店三十多年，我三名子女也是常客，似乎只有太平館稍可保證我的孫子女可以和他們爸媽一代仍然利用那裏去尋找回憶片段。」作家李純恩形容太平館：「坐在裏面吃飯，看看牆上的老照片，跟老伙計聊兩句天，滿滿的人情味。」、「這家老店，就像他們那種因誤會而成的『瑞士汁』一樣，色澤深厚，香濃無比。」食評家莫天賜（歌星莫文蔚父親）説他們一家四代人都惠顧太平館，當年他外公在廣州已愛吃這種中式西餐。

斗轉星移，太平館自十九世紀創立以來，見證及參與了粵港二地華人西餐發展歷程，百多年來，從「番菜」到「豉油西餐」的中西文化交會，正如香港名人黃霑早年對我說的那樣：「現在才流行的 fusion 菜（中西融合菜），太平館百多年前早已 fusion 了。」這些從粵港二地特殊歷史背景下產生的中西飲食文化交流與碰撞，過程充滿誤解、驚喜與傳奇，今天更成為港人的味蕾與回憶。

1　Willa Zhen：《Food and Language》，prospect books，二〇一〇。

2　蔡瀾：《蔡瀾歡名菜》，天地圖書有限公司，二〇〇九年。

3　歐陽應霽：《香港味道》，萬里機構出版有限公司，二〇〇七年。

4　谷德昭：《肥谷飯局》，壹出版社，二〇〇〇年。

5　江獻珠：《中西合璧家常菜》，萬里機構出版有限公司，二〇一三年

我（左）與已在太平館工作超過半世紀的老師傅傑叔（中）在太平
館合攝

2003 年我與母親參觀香港文化博物館「港飲港食」專題展覽中有
關西餐及太平館資料的展覽區

2007 年台北遠東國際大飯店記者會上介紹太平館的馳名菜式，右四為酒店廚藝總監劉冠麟、左三為我。

2007 年台灣傳媒拍攝及試食太平館的瑞士雞翼及其他豉油西餐菜式

2008 年我在太平館向著名飲食節目主持人瑪俐亞（肥媽）介紹豉油
西餐菜式

名廚周中與我在太平館合照

館中趣事

一九二七年，廣州永漢路財廳前太平館新張營業，當時報紙廣告效力大，故太平館在多份報章刊登廣告，其中一份廣告大字寫上「詩中有味」，內容用上粵語發音「太平館支店，而家設係邊，在永漢北路，財政廳之前，丁卯六月六，新張第一天，著名老字號，不妨嘗試焉。」而另一則廣告寫上「西餐須知」，用粵韻透露太平沙太平館開分店消息，寫「就係呢排至開咗間係永漢北路，你睇吓個招牌寫住支店……重寫明新曆七月四號開張添。」等字句，最後還寫上「太平沙太平館披露」。這些廣告充滿趣味，巧用粵腔粵韻，方言韻律的方式讓讀者倍覺親切。

1927 年《公評報》刊登利用粵語
方式製作的太平館支店開張廣告

1927 年太平館支店開張，
《公評報》廣告充滿趣味。

贈聯與浮雕

歷史學家簡又文曾擔任廣州教育局局長、廣東社會局局長等職，一九四九年定居香港，他曾撰寫碑記〈九龍宋皇台遺址碑記〉，一九五九年由香港政府於宋皇台立石。簡又文（筆名大華烈士），一九三五年，在其著作《東南風續集》中寫道：「余前年在廣州太平館食番菜，戲題贈該館一聯頗為朋友所欣賞，文為：太太有毛病，平平無足奇。」[1]

歷史學家簡又文在1935年著作中戲言贈太平館一對聯

一九七〇年九月，銅鑼灣新店開店在即，當時在香港的意大利藝術家 Antonio Casadei 特別為銅鑼店新店製作了一幅抽象浮雕，作品在開店前幾天送抵餐廳，由於此藝術品作價二萬多元，當時此等價錢已可在灣仔買到一個舊唐樓單位，由於價值不菲，而餐廳還在裝修

1970年《工商晚報》有關銅鑼灣新店裝飾有意大利名家沙卡第作品的消息及開張消息

1970年祖父徐漢初（右）與負責裝飾新店的陳緝文在意大利名家沙卡第作品前留影

中，晚上大門只是用臨時木板關上，為免作品被人偷走，祖父與叔父特別安排二位伙計在餐廳留宿，看守此「重器」。當年報紙報道太平館新店時形容：「⋯⋯配上意大利名家沙卡第先生的抽象鑄銅名畫，相得益彰，全港鮮有新穎設計。」

電話的故事

上世紀八十年代以前沒有流動電話，大家離家後需要聯絡他人就要依賴街上公共電話亭或入店舖借用電話，而酒樓餐廳因設有電話給客人免費使用，電話下也放有厚厚一本的電話公司印製的電話號碼簿，因此食肆成為眾人互相聯絡的最佳場所。當年太平館餐牌封面及免費火柴盒都印有餐廳電話號碼，以方便客人，由此可知當時餐廳電話的重要性。

1960 年代餐牌封面寫有電話，可見當時餐廳電話對客人的重要性。

太平館每天都有很多客人利用餐廳電話作為聯絡方式，公司老闆會告訴秘書助理或朋友什麼時候他會在此用膳，有事可致電太平館找他們。有些常客差不多每天在相同時間出現在太平館，相熟朋友在此段時間找他們

1970 年代客人在太平館使用公用電話

便會致電太平館。

　　早期如有人致電太平館尋找客人，餐廳員工會走到樓面邊走邊呼喊「XX 先生，有電話找你」，客人聽到自己名字便會起身大聲回應，前去接聽電話。某天午餐時段，有人致電餐廳，指明説是太太找某先生，於是侍應在樓面大聲呼喚「XX 先生，你太太找你。」大家聽到都感奇怪，甚少人透露來電身分。一對正在用餐男女食客聽到臉色大變，男的接完電話，女的急急離開，男食客向一侍應細語數句，把帳結了但沒有離開。十多分鐘後，那位男客太太施然而至坐下，餐枱早已被那侍應清潔乾淨，不留一點曾用餐的痕迹，員工都佩服那位太太預先張揚的手段，當然那位負責清潔的侍應被男客打賞不少。

　　到了八十年代，太平館開始裝置擴音機，可用揚聲喇叭呼叫客人名字，當餐廳呼叫「XX 先生請聽電話」，如有人起身走去接聽電話，全餐廳的人都知道那人叫什麼名字，所以餐廳侍應如接來電找相熟客人，使會自覺走去低聲通知客人接聽電話，免除尷尬場面，熟客也會識趣打賞侍應小費，所以當時很多客人喜歡選擇固定地方時間用餐，為的就是方便電話聯繫。

語言不通的笑話

　　早年太平館雖名為西餐廳，但顧客對象都是華人，非為西方人而設，如有外籍人士沒有中國人陪同進入餐廳，因語言不通，經常令餐廳侍應畏懼，不懂應對，更因此開出不少笑話。上世紀五十年代，香港灣仔一帶有

不少外國海員、水兵消遣購物，由於太平館一般侍應不太懂英文，擔心有外國人入餐廳，言語溝通問題引起誤會，曾有侍應見外國人踏入餐廳，一時驚惶失措，對着那外國人大叫「Outbound」，原意是出去的意思，但可笑的是連用語都錯了，曾有報紙把這事當作舊趣聞予以報道。在太平館吃乳鴿，根據傳統，侍應必奉上一小碗浸有檸檬片的暖茶水，給客人吃完乳鴿時清洗雙手。有不知就裏的外國客人，以為吃乳鴿有檸檬茶贈送，一口飲下去，還笑稱這檸檬茶「好喝」，侍應見了卻哭笑不得，他又不知如何用英文解釋，只好苦笑看着外國客人繼續「享受」那檸檬茶。

日 常 趣 聞

名伶新馬師曾經常到銅鑼灣太平館用餐，兒子鄧兆尊在太平館接受電視台訪問時説他爸爸經常約朋友在此下午茶，而他不到十歲爸爸已帶他到此吃飯。由於銅鑼灣太平館鄰近利舞台戲院，新馬師曾習慣在看粵劇前後到太平館用膳，有次他很晚才到店吃宵夜，飯後人有三急，到位於天井的廁所如廁。由於餐廳已打烊，有些廚房男員工以為客人都離開了，按習慣在天井拿毛巾沖擦身體一下，剛巧給新馬師曾撞上，員工非常尷尬，馬上用毛巾掩蓋身體。不料新馬師曾笑哈哈對員工説：「不用怕，大家都是一樣，你有的我都有。」果然風趣過人。

二〇〇一年開始，太平館為滿足顧客需要，開始接受信用卡結帳，還開始採用電腦系統進行落單及結帳，但對於那些一輩子都沒有接觸過電腦的老員工來説，無疑是個很大的挑戰，在接受電腦公司職員培訓過程中，戰戰兢兢，更一面認真地問電腦公司職員：「如果按錯掣，電腦會否

爆炸？」剛開始使用時，由於惶恐，在替客人落單時，手指發抖，指頭意外觸碰電腦屏幕多次，結果本來客人點一客「瑞士雞翼」（八隻），結果出來三客，當兩位客人看着員工端上的二十四隻雞翼，一面疑惑地問：「買一送二？」太平館老員工學電腦一事，更在電視台介紹香港典故節目中提及。

梳乎厘的真面目

如果要形容太平館獨創的梳乎厘，必定是「巨型」二個字，而製法與西方傳統梳乎厘做法也截然不同，餐廳以獨門人手打發蛋白，加入白糖、香精油。梳乎厘上桌一刻令客人驚訝興奮，巨大的梳乎厘足夠四人享用，梳乎厘外層微脆，中心軟熟輕盈，入口瞬間融化。

日本電視台主持向名廚山田宏巳介紹梳乎厘

日本電視台在節目畫面裏的梳乎厘打上格子

這世上最大的梳乎厘甜品甚至吸引了不少外國客人專程光顧。多年前，日本電視台到太平館拍攝梳乎厘，邀請曾參加電視節目《鐵人料理》的日籍法國菜名廚山田宏巳做嘉賓，節目主持人為了給山田宏巳一個驚喜，預先沒有透露食品內容。由於拍攝是在晚飯時段，很多客人都點了梳乎厘，主持人為了不讓山田宏巳看到這巨大甜品，每當有梳乎厘經過，幾

位助手就用大紙皮擋住山田宏巳視線，直到後來侍應將那巨形梳乎厘捧到山田宏巳面前，他驚喜大叫，身為入廚多年的法國菜名廚，卻從未看過這麼大的「法式甜品」。電視台在節目介紹甜品內容時，刻意把畫面裏的梳乎厘用馬賽克模糊，讓觀眾猜想一下甜品內容，直到後來才讓觀眾看到那充滿神秘的巨型梳乎厘真面目。

太平館廚師製作的巨型梳乎厘

璀璨的港式情懷

很多人見到「太平館飡廳」招牌，都對那個「飡」字感到興趣，一些客人開始都不懂該字如何解讀，曾有內地和台灣客人致電餐廳訂位時誤稱「太平館食廳」，很多客人對那個「飡」字出自何處及招牌手筆出自何人感興趣。「飡」字是從「飱」訛變而成，東漢《説文解字》、南梁《玉篇》、北宋《廣韻》、明代《字彙》以及清代《康熙字典》均將「飡」字列作「飱」的簡體字，由於「飱」是「餐」的或體字，所以「飡」也可以視為「餐」的簡體，發音與「餐」字相同。

「太平館飡廳」招牌手筆出自有「嶺南才子」之稱的香港著名書畫家陳荊鴻，他早年居滬期間，師從書法家康有為學習書法技藝，亦與齊白石、張大千等國畫大師切磋書畫，他的作品多次在國內展出，作品亦獲得博物館、藝術館收藏，為表彰陳荊鴻對藝術的貢獻，他一九八七年獲英女

港式風味
太平館餐廳中英夾雜的設計，展現出其港式西餐風格。

2013 年《明報周刊》形容太平館招牌充滿港式風味

北宋「廣韻」中將「飡」字視為「飧」的簡體字

皇頒授榮譽獎章。

　　當夜幕低垂，「太平館飡廳」絢麗的霓虹燈招牌亮起，在街道上閃爍生輝，頓成香港經典街景，近年更成為網路「虹」人最愛五大知名香港霓虹街景，也是人們對昔日東方之珠璀璨夜景的美好記憶。

1　簡又文：《西北東南風續集》，良友復興圖書公司，一九三五年。

消失中的味道

禾花雀是一種候鳥，每年五至七月在中國東北及俄羅斯西伯利亞一帶繁殖，夏季開始從北方結隊成群南飛過冬，沿途晝飛夜宿，千千萬萬禾花雀遷徙所經的禾稻，必遭到它們喙食。禾花雀秋後會途經珠江三角洲一帶，農間採雀人事前在草叢把網張好，晚上趁禾花雀在田間棲息，敲鑼打鼓或燃放鞭炮，受驚嚇的雀鳥到處亂飛撞進網裏，被農人捕獲。

天上人參

禾花雀被稱為「天上人參」，甚受世人歡迎，《孔子家語》中說：「孔子見羅雀者，所得皆黃口小雀，炙食之，味甚佳美。」可見禾花雀這美食古已有之。

太平館早年名菜燒禾花雀

太平館出品的禾花雀享譽粵港，成為餐館招牌季候名菜。一九三四年《新人周刊》談到廣州人食禾花雀情況：「這一個季節，凡廣州市的大酒家，沒有一家不設有這種食譜的，闊佬宴客，也沒有一人不定這種食品的……自禾花雀上市後，三大酒家購入禾花雀的數目，已達一萬三千餘元；計大三元佔三千元，陸羽居佔四千五百元，太平館佔五千五百元；若就全市統計，禾花雀銷售的總數，至少在四萬餘元以

上。」[1] 可見太平館製作的禾花雀甚受食客歡迎，成為食肆禾花雀銷量之冠。

民國年代，每年禾花雀季節，太平館員工清早從市場挑選大批合適的禾花雀帶回餐廳，要挑選雀身飽滿，肚帶白色肥油，骨不能太硬的，所以買雀不但用眼，還要用手去感覺。禾花雀買回餐廳後，全部員工馬上圍坐一大枱，拔雀毛及清理內臟。由於雀身細小，全長約一百五十毫米，體重約三十克，清理禾花雀內臟需要特別技巧。香港的禾花雀由廣東、廣西入口，餐館選料講究新鮮，活捉後冰鮮運港，雀身色澤紅潤，胸身兩條黃油線清晰分明，十分肥美。無論揀雀或劏雀，手要輕，以免手溫融化鳥脂，早年我曾多次和師傅去街市選購禾花雀，逐隻精挑細選，往往個多小時才揀選到二百餘隻左右，可一口吃掉的雀，卻要如此費時得來。

1932 年太平館在《公評報》刊登的禾花雀廣告

1943 年《民聲日報》的禾花雀廣告

1946 年廣州《和平日報》的太平館禾花雀廣告

食雀不吐骨

一般酒家採用紅燒或焗方式烹製禾花雀，太平館卻用徐家獨門製作方式，那就是先將雀在熱油中快速過一過，再放入特別調製的豉油醬汁烹煮，製成的禾花雀嫩滑惹味，可以連骨吃下，真是「食雀不吐骨」，令人回味。

烹煮前的禾花雀

每年九、十月，每天都有不少客人致電餐廳打探「雀情」，詢問有沒有禾花雀供應及預訂。二○○○年開始，我們發現在雀身上不時有神秘微細血洞，後用小刀挑出細看，竟是黑色小鐵珠，經查明，原來有廣東捕雀農民貪求方便，棄用傳統網捕方式，改用鐵砂氣槍射殺雀鳥，所以雀身留有鐵珠。由於鐵珠細小，有時難以發現，為免客人誤吞鐵珠，入貨時更加小心翼翼，入貨量亦大為減少。後來中國政府把禾花雀列為受保護動物，

1994 年太平館燒禾花雀枱上餐牌

1980 年《星島日報》的禾花雀廣告

禁止捕殺，於是這百多年來每個秋季都出現在太平館的時令佳餚，從此消失了。

一尾難求

太平館採用的新鮮牛尾

廣州《民國日報》在一九二六年飲食專欄寫道：「牛尾本至粗之物，下級飯店亦鮮用之，若使唐廚列入食譜，人將嘖嘖稱怪。惟西菜館中，則有青豆牛尾市祖牛尾諸製，不厭其煩，而食者亦不厭其粗劣。抑牛尾燉至極爛，粘質甚富，肉脫骨離，以青豆拌食，調以唸汁芥末，濃郁之至，加以牛尾之皮，滑不留口，較豬蹄尤勝。」可見民初的廣州，西餐已採用牛尾做菜餚。太平館傳統上一直採用新鮮牛尾煮製各種菜式，但現今市場新鮮牛尾十分稀少，經常「一尾難求」，加上製作繁複，所以坊間中西食

廚師烹煮好的鮮牛尾

肆普遍採用入口的急凍去皮牛尾，貪其供應穩定及價錢便宜，而且已切割整理好，開封即可使用。時至今日，雖然新鮮牛尾價格不菲兼供應不穩定，太平館仍堅持通過相熟肉販購入新鮮帶皮牛尾，從拔毛淨身到慢火炆煮，製成後的牛尾牛皮豐腴膠質，肉軟嫩多汁。製成的牛尾湯，味道濃郁，而砵酒焗鮮牛尾，既有砵酒香味，又品嘗到牛尾鮮味。

珍貴的鷹鱠

　　煙鱠魚乃是太平館傳統招牌菜之一，從廣州到香港，一直深受名人食客歡迎，亦是名廚楊貫一每次到太平館必點的菜式，他稱讚「煙鱠魚名副其實是豉油西餐的代表菜式，中西合璧得來恰到好處，值得學習」。餐廳挑選鱠魚中最為昂貴的海生白鷹鱠作為材料，鷹鱠是鱠魚中的極品，在南中國海一帶深海生長。鷹鱠是愈大愈鮮美，太平館所需的是約四至五斤重左右巨型貨色，肉質細嫩肥腴，這樣做出來的煙鱠魚結實得來又有鮮味，市面所見鷹鱠一般只有二斤左右，且價格昂貴，四至五斤重鷹鱠已在一般市場絕迹。

太平館歷史名菜煙鱠魚

太平館煙鱠魚均採用四至五斤重的鷹鱠魚為材料

　　鷹鱠肉質較其他種類鱠魚更鮮味及厚實，非常適合煙燻煮法。雖然鷹鱠體積巨大，但餐廳只取用中間最厚肉部分，去除頭、尾、鰭和骨，切件後可供製作魚肉只佔整條魚六成左右，非常矜貴。製作時用豉油、糖、薑、香葉、蔥、酒等材料醃五小時，然後與紅茶葉放入焗爐煙焗，製成的鱠魚肉質厚實，甘香撲鼻。由於巨型鷹鱠魚只生活在深海，不能人工繁

殖，這亦是其矜貴之處。巨型鷹鱠魚愈來愈難捕獲，供應漸趨稀少，市場需求大，不但售價昂貴，而且長期供不應求，餐廳只能通過相熟魚販預訂才能入貨，由於貨源供應不穩定，令太平館保持這一傳統菜式也變得頗為不易。

岑味牛脷和捲筒石斑

太平館烹煮牛脷（舌）已有悠久歷史，一九二六年廣州報紙曾寫「牛舌亦以西菜館濃燉者為佳」，太平館所製之燉鹹牛脷（舌）已成招牌菜之一，而另一牛脷傳統菜式「岑味牛脷」，已不多見於市面，「岑味」是用鴿、雞珍肝碎加香料等材料烹調而成的醬汁，甘香惹味，配牛脷令味更佳，是香港早期港式西餐其中一種代表菜式。

粟米石斑是以往在港式西餐常見的地道菜式，製作此菜需用上巨型野生石斑作為材料，石斑肉塊肉質緊緻且帶有鮮味，但由於大石斑的售價愈來愈昂貴，於是很多食肆採用貨源充足，價格比石斑便宜兩倍的急凍鯰魚柳或龍脷柳作為原料，變成粟米魚塊，令粟米石斑這一傳統菜也漸消失於市面餐廳。太平館至今仍採用重二十多斤的巨型石斑製作粟米石斑、芝士焗石斑、吉列石斑等菜餚，而捲筒石斑更是難得在其他餐廳找到的傳統菜式。

由於時代的轉變，食材短缺、口味轉變或市場因素，種種原因令很多傳統菜式逐漸消失，令人惋惜。

煙鱠魚是名廚楊貫一最愛菜式，圖為他與家母及我在太平館的合照。

傳統豉油西餐菜式岑味牛脷

1 《新人周刊》，第一卷，第十一期，一九三四年。

太平館廚師在魚檔挑選大石斑魚

懷舊菜式捲筒石斑

後記

物換星移，歲月更迭，一個半世紀，太平館一路緩緩走來，見證滄桑，享過輝煌，五代人秉承着家族的理念，成就了歷經時間考驗的美味。太平館的故事，就是中國人做西餐的歷史故事——也是我家的故事。

謹以此書獻給先父徐憲淇及家族祖輩們。

太平館餐廳的百年印記

作者	徐錫安
責任編輯	周詩韵　葉秋弦
封面題字	黎雄才
設計	#rickyleungdesign
排版	簡雋盈
圖片	作者提供
出版	明窗出版社
發行	明報出版社有限公司
	香港柴灣嘉業街 18 號
	明報工業中心 A 座 15 樓
電話	2595 3215
傳真	2898 2646
網址	http://books.mingpao.com/
電子郵箱	mpp@mingpao.com
版次	二〇二一年七月初版
ISBN	978-988-8687-73-2
承印	美雅印刷製本有限公司